U0240545

盐城丹顶鹤

吕士成 著

江苏凤凰美术出版社

图书在版编目（CIP）数据

盐城丹顶鹤 / 吕士成著. -- 南京：江苏凤凰美术
出版社，2019.8
　（符号江苏精选本）
　ISBN 978-7-5580-6559-0

　Ⅰ.①盐… Ⅱ.①吕… Ⅲ.①丹顶鹤–介绍–盐城
Ⅳ.①Q959.7

中国版本图书馆CIP数据核字（2019）第161157号

责任编辑　王左佐
装帧设计　曲闵民　高　森
扉页插图　陈敏娜
责任校对　刁海裕
责任监印　朱晓燕
图片摄影　吕士成　林宝庆　丁洪安　宗树兴　施　鑫
　　　　　王文峰　周鸿飞　陈国远　李玉生　戚晓云

书　　名　盐城丹顶鹤
著　　者　吕士成
出版发行　江苏凤凰美术出版社（南京市中央路165号　邮编：210009）
出版社网址　http://www.jsmscbs.com.cn
制　　版　南京新华丰制版有限公司
印　　刷　南京新世纪联盟印务有限公司
开　　本　787mm×1092mm　1/32
印　　张　6.375
版　　次　2019年8月第1版　2019年8月第1次印刷
标准书号　ISBN 978-7-5580-6559-0
定　　价　68.00元

营销部电话　025-68155790　营销部地址　南京市中央路165号
江苏凤凰美术出版社图书凡印装错误可向承印厂调换

"符号江苏"编委会

内容简介

鹤类在地球上出现比人类早 6000 万年。

有着"世界上最有文化的鸟"之誉的丹顶鹤，素以美丽的形态和丰富内涵著称于世，无论以研究成果论，还是以出土文物考，或者以文字记载计，它一直以"健康长寿、忠贞爱情、团队合作、吉祥高雅"的形象长留人间。

在这里我们将用通俗的描述为您破译世界珍禽丹顶鹤的自然遗传基因，并为您解读其历史文化密码，揭示丹顶鹤及其湿地生境的神奇与瑰丽。

作者简介

吕士成，江苏盐城国家级珍禽自然保护区科研处长，研究员，享受国务院特殊津贴专家，南京师范大学环境学院博士生导师（兼）。主要出版物：《风中的丹顶鹤》《追踪丹顶鹤》《丹顶鹤》《盐城自然保护区的鸟类》等。先后荣获第五届全国优秀科普作品奖科普图书类二等奖，第三、四届江苏省优秀科普作品奖一等奖，第二十三届华东地区科技出版社优秀科技图书一等奖。

目
录

CONTENTS

引言

　　一部人类文明进化史告诉我们，宏大的宇宙至少已存在 120 亿年，相当于太空中的一粒尘埃的地球至少存在 40 亿年之久，而人类可追溯的历史不过 350 万年左右而已。恐龙的灭绝发生在最早的人类出现前约 6000 万年，而鹤类在地球上出现也比人类早 6000 万年。

　　有着"世界上最有文化的鸟"之誉的丹顶鹤，素以美丽的形态和丰富的内涵著称于世，无论以研究成果论，还是以出土文物考，或者以文字记载计，它一直以"健康长寿、忠贞爱情、团队合作、吉祥高雅"的形象长留人间。

在这里我们将用通俗的描述为您破译世界珍禽丹顶鹤的自然遗传基因，并为您解读其历史文化密码，揭示丹顶鹤及其湿地生存环境的神奇与瑰丽。

"保护湿地就是保护人类的家园，保护丹顶鹤就是保护人类自己。"

盐城保护区越冬的丹顶鹤群

向海湿地

第一章

鹤文化

　　中国的丹顶鹤文化拥有 3200 多年的历史，它始于先秦，兴于汉，盛于唐宋，明清继而不衰。在源远流长的历史长河中，鹤文化经历了由自然物到人格化、人格化到神化、神化到科学化的演变过程。它一方面广泛地渗透于文学、艺术、宗教、哲学、音乐、体育等多个领域，另一方面作为祥瑞、长寿、忠贞、正直、清明的象征，也深刻地融入人们的日常生活中，寄托了人们对美好生活的追求与向往，形成了极具东方民族特色的文化，成为中华文化瑰宝的重要组成部分。

　　纵观世界文明史，几乎没有任何一个物种能得到人类如此广泛的欣赏和青睐。人们对于龙凤的情感更多的是敬畏，对于鹤则是发自内心的喜爱。丹顶鹤被誉为"文化鸟"，在博大精深的中国文化形成过程中，在人们爱鹤护鹤喜鹤的实践中逐步形成了鹤文化；我们应以严谨的科学目光，审视生物生命的无穷密码和地理标记，以愉悦的心境，欣赏丹顶鹤的美丽、高雅与吉祥，同时，挖掘鹤文化博大精深的内涵，从文化的视角诠释自然法则通往社会法则的必由之路。

第一节　美学基础

丹顶鹤自身的形态拥有极强的感染力，这也是它被誉为"文化鸟"的原因之一。丹顶鹤的色彩构成十分独特，别有一番韵味和意蕴。它整个身躯以白色为主基调，二、三级飞羽和颈部是黑色，头冠的一抹鲜红靓丽夺目，可谓点睛之笔。这种白、黑、红的色彩搭配具有极高的审美价值。黑白两色给人以强烈的视觉冲击力，而丹顶鹤头冠上的一点红，使它身上的整体色调变得跳跃而活泼，给人以鲜活生动的美感。另外，丹顶鹤整个躯体的线条优美而流畅，其双翅阔而长，飞翔时，黑白相间的长翅伸展开，头颈和双腿直而挺，

鹤身鹿角，寓意吉祥长寿，造型优美，形态美观，风格独特。

丹陛上站立的铜鹤，是紫禁城帝王殿堂上的神物。

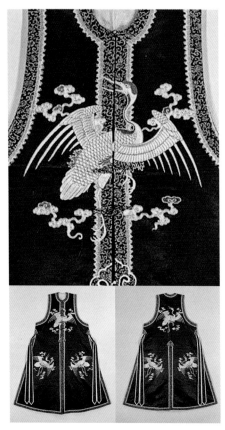

清道光石青色缎绣平金云鹤纹裕大坎肩后妃便服

天圆地方形葫芦瓶为明嘉靖年间典型器，因嘉靖皇帝笃信道教而创烧。此器器型周正，胎质极为细腻，绘画以单线平涂为主，口颈绘卷草纹一周，下承云鹤八卦纹，腰间绘祥云纹一周，下腹方肩上绘四朵如意云，方腹四开光绘云龙纹，底落双方框"大明嘉靖年制"双行六字楷书款。

清代·华嵒　松鹤图（广州美术馆）

明代·边景昭　雪梅双鹤图
（北京故宫博物院）

清代·虚谷　松鹤延年图
（苏州博物馆）

北宋·宋徽宗赵佶 瑞鹤图

清末·任伯年　群仙祝寿图

"十"字般的曲线造型秀逸、潇洒，给人一种直冲云霄、奋发向上的感受。

丹顶鹤不仅色彩、躯体美，行走时的姿态也如窈窕淑女般清新脱俗：细腿轻抬，挺胸昂首，迈着"矩步"，徐缓而高雅。丹顶鹤的舞也是众变繁姿，气象万千。丹顶鹤自身具有美的感染力，无论从色彩的协调、造型的和谐，还是运动的健美、内在的神韵上，都达到了柔性美与刚性美的统一、动态美与静态美的统一、外在美与内在美的统一、优美与壮美的统一，达到了美学家称道的悦耳悦目、悦心悦意、悦志悦神的境界。丹顶鹤高雅、俊秀的形态和飘逸、灵性的神态，为人们提供了广阔的想象空间和丰富的创作源泉，这是人们赋予它深厚文化内涵的美学基础。

第二节　历史演变

其实从原始社会至周代，鹤文化萌芽于先民的生活世界中，形成一种朴素自然、萌发式而又原始性的文化现象。这种现象在图腾、文学、儒家经典、玉器、青铜器、壁画、帛画、宠养、舞蹈等方面都有表现。其中既有通过描绘鹤的自然形体暗示某种愿望之意，也有神化、艺术化，作为精神寄托的表达，把鹤当做祖先、保护神的标志，但鹤文化的明确记载一般都以殷墟妇好墓出土的玉鹤算起，至今有3200多年。在这悠久的历史演变中，鹤文化经久不衰，大致可分为三个过程。

1. 由自然物到人格化的演变

早在2500多年前，我国第一部诗歌总集——《诗经》就有丹顶鹤的文字记载，《小雅·鹤鸣》中写道："鹤鸣于九皋，声闻于野"。此后，把皇帝招聘贤能之士的诏书称为"鹤板"，鹤板上的字体称为"鹤书"。《易经》也将鹤拟人化，后人将这个意义引申，把注重自身、修养高雅的人叫做"鹤鸣之士"，也用鹤来比喻高雅的人和人们之间的友情。

2. 由人格化向神化的演变

丹顶鹤，因其神秘、神奇而令人神往，被视作仙禽、神灵。不同于虚拟的龙凤，它是真实存在的。大致在东汉和魏晋南北朝期间（公元25–589年），随着道教的产生和推动，鹤日趋神化，且与一些神仙传记、古老传说结合，相得益彰。鹤逐渐由人格化向神格化转变，在这个时期，有两个因素对于促进这种变化起到了重要作用。

一是东汉崇尚"黄老道家"促成了道教的诞生。人们把羽人升天的神往倾注到鹤的身上，丹顶鹤飘然飞去，人们也产生了飘飘欲仙之感。道教抓住鹤的长寿和高飞这两个特性，加以引申，认为鹤既是仙人的坐骑，又是仙人的化身。这种精神上的追求，使丹顶鹤成了道教的图腾。

二是魏晋南北朝时，以老子为代表的道学取代了以孔子为代表的儒学，成为当时的主流思想，形成了玄学思潮。特别是东晋，玄学流行了约100年。随着老庄哲学和道教的发展，与之有着不解之缘的鹤也被神化，这在当时盛行的游仙诗中有所体现。这个时期也创作了大量的志怪小说。干宝的《搜神记》写了有关鹤的神话传说。实际上，长期以来，人们一直把鹤称为"仙鹤"，称为"丹顶鹤"则是近代的事情。

3. 由神化到科学的演变

现代鹤文化的一个质的飞跃，是从人与自然环境和谐相处的高度来欣赏鹤、喜爱鹤、讴歌鹤、保护鹤。中国古代曾经提出"天人合一"的思想，但由于对自然规律的认识有限，人口剧增，过度开发，以及后来的工业化，使环境受到严重破坏。丹顶鹤的生存空间

越来越小，数量急剧减少，已成为濒危物种。现代人爱鹤，除了受传统文化影响外，很重要的原因是认识到了生态环境是人类社会产生、存在和发展的基础，在开发利用自然的时候，必须尊重自然、保护自然，人和自然界包括野生动物必须和谐相处。保护丹顶鹤和它们的生存环境湿地，就是保护人类自己。

我国对丹顶鹤真正科学系统的研究是在中华人民共和国建立之后——马逸清、李晓民编著的《丹顶鹤研究》。摄影家马毅行创作的《百鹤图》在实地拍摄的基础上进行电脑加工，创造了一个空灵缥缈的世界。以爱鹤姑娘徐秀娟为题材创作的电影《鹤魂》，其主题歌"一个真实的故事"深受人们喜爱。扎龙湿地所在地齐齐哈尔市被称为鹤城，把丹顶鹤作为市鸟。2003年在长沙市举办的全国城市运动会开幕式上，放飞几十只丹顶鹤，引起全场轰动。鹤文化大有方兴未艾之势，鹤文化发源发展于古代，持续繁荣于现代，还会发扬光大于未来。

第三节　象征意义

在中国古代，从帝王君主、将相公侯、文人雅士到普通的平民百姓，都对丹顶鹤喜爱之至。皇帝把鹤作为祥瑞之象，大臣们用鹤表示有气节的忠臣，文人雅士们将鹤作为创作的灵感源泉，甚至是精神寄托。健康长寿、颐养天年是人类的共同愿望，因而自然界的长寿之物便被用来作为表达这种愿望的标志。在中国传统文化中，鹤被视为长寿仙禽。丹顶鹤具有吉祥幸福、健康长寿和爱情忠贞的象征意义。广大人民群众喜爱鹤，把丹顶鹤作为吉祥的象征。总之，不论有什么不同的政治见解、不同的哲学观点、不同的美学评价、不同的价值观念，都仁者见仁，智者见智，从不同角度在鹤这里找到精神上的寄托和联系。

第四节　渗透领域

中国有关鹤的文化现象浩瀚、多元而久远，这是任何一个以现实自然物为依托的文化现象所无可比拟的。在中国的历史上，人们歌颂鹤的优美，升华鹤的特性，宣扬鹤的神秘，鹤给了各类人群创作的灵感，渗透到文学、艺术、哲学、体育等众多领域。

在文学领域，中国古代文人以鹤为题材的创作涵盖了诗、词、歌、赋、文和笔记小说等各种文体。唐宋

时期鹤文化逐渐兴盛，鹤广泛出现在诗文中。文坛经不完全统计，从西周至清代，共有120多位文人，写作关于咏鹤、赞鹤、别鹤、悼鹤等作品共计160多篇(首)。在艺术领域，雕塑、绘画、音乐、舞蹈、工艺品、建筑、服装等以鹤为题材创作了许多精品。唐代的花鸟画主要描绘的是贵族畋猎生活及庭园奇花异兽，如孔雀、仙鹤、鸳鸯、牡丹、花竹之类，是贵族生活的装饰点缀品。薛稷是这一时代的画鹤名家。宋代随着儒学的普及，致知格物、穷理尽性的思想，也反映在绘画艺术中，极为重视"理"，鹤画的写实技巧攀登到历史的高峰。同时，鹤形象重新出现于陶瓷当中。作为仙禽的传统观念和题材，仍得以继承和发展。在哲学领域，丹顶鹤的神韵与老子哲学有相通之处。老子哲学是对中国古代文化影响最大、最久的两个哲学流派之一。在体育领域，丹顶鹤同健身术、气功息息相关。

中国的丹顶鹤文化现象与亚洲许多国家相通，成为东方文化的一颗明珠。鹤的文化现象不仅是滋养了十多亿人构成的中华民族，更是与日本和朝鲜半岛的文化息息相通。日本歌剧《夕鹤》在中国演出获得了强烈反响和广泛好评。在阿寒国际丹顶鹤中心所在的

日本钏路市内，桥头雕着鹤，路灯形似鹤，食品以鹤命名，宾馆名为"丹顶鹤之家"，连日本的千元纸币都印有鹤的优美图案，以鹤为题材的明信片、贺年卡、圆镜、折纸、雕塑、绘画、照片等艺术品更是琳琅满目。可以说，鹤文化是中华民族的一块瑰宝，也是东方文明的一颗明珠。我们应该努力使这块瑰宝变得更加璀璨，使这颗明珠更加亮丽。

第二章

鹤类的演化

据记载，鹤类在地球上出现大约是在 6000 万年以前。始新世时期的化石记录表明，大约在 4000 万年前的鹤类与现在的艳丽的非洲冠鹤相似，这些有冠毛的、面部裸露的、羽毛松散的鹤，有 30 多种栖息在林中，繁殖在沼泽地里。那时鹤类遍布气候温暖、覆盖着大片湿地的北部大陆。鹤类不曾移居到南美洲，而它们在北美、欧亚大陆和非洲，种类、数量都很丰富。

进入第四纪冰川期后，大地开始变冷，新的山脉将陆地断开。由于冰川和山峰的作用，大片的湿地消失。艳丽的冠鹤不能适应寒冷的气候，因此它们的栖息区

山东黄河三角洲"新生湿地"

辽宁辽河口湿地

域缩减到赤道附近的非洲，那里在冰川期始终保持着热带的环境。然而，北方地理环境的改变，作为生物进化的推动力，为产生新的鹤类提供了条件。最后构成了现在世界上 15 种优美的鹤。

世界现存鹤类名录

丹顶鹤 Grus jponensis

美洲鹤 Grus americana

白鹤 Leucogeranus leucogeranus

黑颈鹤 Grus nigricollis

白枕鹤 Grus vipio

白头鹤 Grus monacha

灰鹤 Grus grus

沙丘鹤 Grus Canadensis

赤颈鹤 Grus antigone

澳洲鹤 Grus rubicund

肉垂鹤 Grus carunculatus

蓑羽鹤 Anthropoides virgo

蓝鹤 Anthropoides paradise

黑冕鹤 Balearica pavonina

灰冕鹤 Balearica regulorum

丹顶鹤便是其中最受人们喜爱、民间流传甚广的一种。

丹顶鹤（Grus japonensis）是世界濒危鸟类之一，其野生种群的个体总数在 3100 只左右。野外仅分布于东北亚地区，即俄罗斯东部、朝鲜半岛、蒙古、中国和日本（日本北海道的丹顶鹤，是不迁徙的种群，只是在繁殖季节因选择适宜的营巢地而做短途的迁移活动）。迁徙的西部种群，其越冬期主要分布在我国江苏盐城和山东东营的沿海滩涂，其中以江苏盐城沿海滩涂的分布数量最多。越冬期过后，每年的春天陆续迁往北方地区繁殖，在我国黑龙江的扎龙国家级自然保护区内，每年约有 200 对丹顶鹤生儿育女，完成丹顶鹤家族的传宗接代任务。

第三章

丹顶鹤的习性

第一节　出生在北方

鹤出现在地球上比人类要早6000万年。丹顶鹤是鹤类望族中当之无愧的明星。作为世界珍稀鸟类，全球野生丹顶鹤目前仅存约3100只。每一个生命背后都有一段不朽的传奇。穿越时空，我们即将走进丹顶鹤的一家，见证小鹤从破壳新生到展翅翱翔、从唧唧而鸣到引吭高歌，感受传奇背后的精彩故事。

黑龙江省扎龙国家级自然保护区是我国境内最大的野生丹顶鹤繁殖区。

每年的3-4月份，丹顶鹤由南方的江苏盐城等越冬地相继迁至北方的扎龙等地，进行新一轮繁殖周期。来到扎龙后，每对鹤首先要抢占自己的领地，约在2-3平方千米，然后要将自己上年生的小丹顶鹤赶出它们的身边，以便安心繁育新一代。开始小鹤极不情愿离开自己的父母，大鹤只好用它们的尖喙攻击小鹤，有时甚至将小鹤啄得头破血流，并几经反复，小鹤才被迫离开自己的父母，和其他遭到同样命运的小鹤一起混群，过着游荡的生活。待繁殖期过后，它们中部分个体会重新回到父母身边，一起南下过冬。

1. 丹顶鹤的婚姻

远走高飞，长途跋涉，还要护卫子女远行，结伴双方必须旗鼓相当，没有弱者。任何一方也不可能背着娇妻或残夫在高空飞行。反之，如果双方可以轻易中途抛弃，任何一方也无法完成远行的使命。惟有如此，当一方丧偶，另一方是很难在同年龄层，并有共同经历者中寻找理想续偶的。丧偶不再续弦成为丹顶鹤的基因。

野生丹顶鹤的配偶方式是终身制。一旦结为"夫妻"，都会坚守一夫一妻制，终身不渝。无论飞翔或玩耍、觅食都形影不离。一只受伤，另一只会日夜在身旁守护。

每年成功产下后代，共同抚育后代成长，更是鹤夫妇长相厮守的秘密武器。

2.3 周岁后开始"谈婚论嫁"

丹顶鹤3周岁时就是青壮年时期，无论外形和体重都和成年鹤相差无几，也到了"谈婚论嫁"的年龄。每年春天，它们从越冬地经过长途跋涉，迁飞到繁殖地，稍事调整之后，就开始在它们的群体中进行一场浪漫的"求偶记"。

丹顶鹤是通过鸣叫和舞蹈来向异性求爱的。进入繁殖期的青年鹤在异性面前的舞步是饱含着激情的、充满对异性的好感与追求的爱情之舞。这种舞多由繁殖期的雄鹤在雌鹤面前展现。开始也许雌鹤无动于衷，但雄鹤依然一遍又一遍，不厌其烦地变换各种姿态，力图将自己最美好的一瞬留给对方。若此时的雌鹤亮亮翅膀，踩着旋律跳起来，那么雄鹤的努力算没白费，求婚已迈出关键的一步。接下来便是对舞，对鸣。对鸣常由两鹤之一首先发起，仰起脖子，嘴尖朝天，发出洪亮的叫声，另一只鹤立刻随和，同样伸直头颈，仰天而鸣。不同的是雄性鹤的喙尖与地面夹角较大，近乎垂直，发出单音节的"哦啊"，而雌鹤的喙尖与地面的夹角稍小，发出双音节的"嘎嘎"声。

有趣的是，双鹤配对成功以后，有时会立即改变其长期形成的个性特征，由温顺变为好斗。

对于那些已有"子女"的丹顶鹤来说，没有了恋爱时的狂热，它们要进行新一轮繁殖，首先需要费一番工夫征得"子女"们的同意。双亲带领"子女"在越冬地度过一个漫长的越冬期后，于初春返回繁殖地时，为集中精力进行新一轮繁殖，要将自己的"子女"赶出它们原先选定的巢区。起初，"子女"们极不情愿离开，被赶出后将再次返回双亲身边，往往要经过几次反复，甚至被双亲啄得头破血流，才无奈地离去。

3. 守卫领地

鹤"夫妇"共同守卫着领地的安全。遇到入侵者，往往是"先礼后兵"。首先用鸣叫警告。双鹤昂首朝天，三级飞羽蓬起抖动。相距 100 米时，双鹤步伐缓慢而有节奏地迈进，腿抬得很高，膝关节僵直，喙不断上下前后伸缩。相距 2-3 米时，雄鹤扭头将鲜艳的红冠朝向对手示警，雌鹤啄起一簇簇的草，高高跳起，表示外交照会和气愤。

示警无效只好诉诸武力。丹顶鹤一反文雅的常态，凶猛地跳起抓击、猛啄对手，直至把入侵者赶走。

孵卵期如果有人进入巢区，巢外的丹顶鹤会发出低叫，坐巢的丹顶鹤听到后会轻轻走出巢去。如果有人走近它们，它们也不会起飞，而是通过行走吸引人远离巢区。如果遇到持续较长时间的强烈干扰，双鹤只好飞到巢区之外。

4. 求偶

很多野生动物为了争夺配偶，雄性之间会发生激烈的争斗。温顺的麋鹿发情期的恶战令人惊心动魄，最终的胜利者才能取得与雌麋鹿的交配权。

在丹顶鹤群内部，几乎没有战争，它们纯洁、高雅，远离杀戮和暴行，而代之以嘹亮的歌喉和优美的舞姿。发情期的丹顶鹤喜欢在早晨鸣叫频繁，叫声洪亮，可传至两三千米之外。看到心仪的对象，雄鹤会一边鸣叫一边围绕着雌鹤摆出多种舞姿。雌鹤最初一般无动于衷，雄鹤就一遍遍变换着姿态舞蹈，直到雌鹤一展歌喉，伸颈与雄鹤对鸣，展翅与之对舞，求婚就算成功了。

这种以才艺展示和心迹表露求偶，应该是我们地球上最文明的举止和最美好的场景。麋鹿可以武力征

服求偶，仙鹤不屑如此。天空辽阔广大，如一方不情愿，仅靠硬追恐怕很难奏效。可见文明举止的培养是与环境相关联的。

丹顶鹤的舞蹈堪称一绝。"众变繁姿"，南朝宋文学家鲍照《鹤舞赋》中的语句道出了鹤舞的气象万千。它的动作变化无穷，时而跳跃，时而展翅，时而昂首，时而翘尾。它是一种肢体语言，表达爱情时舞，相互嬉戏时舞，表示亲热时舞，向入侵者示威时也舞。有独舞，有对舞，更有群舞。

鹤舞的全部动因和意义，仍是一个谜。繁殖期双鹤和谐的对舞，是爱意的传达；取食时的舞蹈，有求食动因和期待感、欢乐感。非繁殖期或亚成体雄鸟在娴静的雌鸟前所展现的舞姿，则较多的是游戏、消遣动因，其中或许也蕴藏着对异性朦胧的好感和追求。集体欢舞的原因，有人估计是因为面对着象征温饱、安全的春日和冬日的阳光，清雅而富有的广阔生存空间，给它们造成了欢欣的条件反射。

对鸣——早春三月，北方冰雪初融，第一次开始繁殖的丹顶鹤陆续从南方飞至北方的繁殖地，开始上演一场浪漫的"自由恋爱"。

对鸣

繁殖期的鹤"夫妇"对鸣时，雄鹤头朝天，双翅频频振动，在一个节拍里发出一个高昂悠长的单音，雌鹤的头也朝向天空，但不振翅，在一个节拍里发出两三个短促间隙的复音。"二重唱"既可显示声势，警告企图入侵者；也可传情达意，促使双鹤性行为的同步，保证繁殖成功。

整个繁殖期，求婚之后，交配几乎每天进行，在清晨发生的频率最高，直到产卵后完全进入孵化期结束。每次交配过后，双鹤立即引颈高歌，叫声响彻原野，可传至数千米之外，仿佛在昭告天下它们完成了一件缔造新生命的壮举。

5. 交配

大鹤忍痛赶走小鹤后开始进入交配、筑巢、产卵、孵化、育雏程序。它们选择一块水草丰茂、食物丰盛、安全、隐蔽、宁静的芦苇沼泽地带作为自己的领域，它们在"二人"世界里一起觅食、饮水，一起鸣唱、飞翔，共筑爱巢。在阳光灿烂的早晨，它们在一阵热烈、欢快、充满激情的舞蹈之后，双鹤默契配合，进入交配过程。当它们完成交配动作之后，随之而来的便是高昂、激越的对鸣，它们完成了生命的创造，它们唱

起生命的赞歌。

6. 筑巢

文明种群，凡事都有行为准则。丹顶鹤在求偶交配时，昭示于众，歌舞升平，强化生命本源的兴奋；而在筑巢护巢时，却格外小心，行动诡秘，维护家庭私有制和产权的隐私，以确保子女安全，种族延续。

伴随着交配频率的加快，丹顶鹤将双方协力完成筑巢任务。平等合作、相敬如宾，是它们的夫妻相处之道。"成家"后首先要共同筑巢。它们在开阔的大片芦苇沼泽地上或水草地上筑巢，把巢置于有一定水深的芦苇丛中或高的水草丛中。

雌鹤负责筑巢，雄鹤负责警戒和取材。筑巢时很少鸣叫，行动诡秘。巢主要是用芦苇秆做成的，间杂一些其他草茎、叶等。一般呈圆形或椭圆形，筑于地面或堆积在浅水上，巢内径约60厘米–70厘米，深4厘米–5厘米，高约15厘米–20厘米。筑巢对于有经验的鹤来说完成较快，而对新配对参加繁殖的鹤来说，可能要反复地做。有时做好了，自己又将其拆散后再重新筑，有的甚至要到临产前1–2小时才最后完成巢形的整理。

此外，丹顶鹤在选择巢穴时常有怀旧情结，同一

配偶越冬后返回其原繁殖区域时常常会利用上一繁殖季节占据的领域，巢址也大致选择在前一年的附近。这可以更快更好地熟悉繁殖地周围的环境，也更容易找到食物等，从而有利于提高繁殖的成功率，但如果环境的适宜程度下降，如原巢区内食物更难以获取，或植被的覆盖度降低而使得隐蔽程度下降，丹顶鹤就会弃旧址，选择新的繁殖栖息地筑巢。

7. 产卵

产卵在每年的春天进行，每年仅下一窝，多发生在早晨，一般每窝巢产 1-2 枚，极少数 3 枚。

一般在筑巢结束后的 2-3 天，时间大都在早晨。下蛋前雌鹤极度不安，在巢穴周围踱步，并不停地张望或远眺。在无异常情况下，雌鹤步入巢中，用喙整理巢形，接着跗跖关节着巢、伏卧，5-20 分钟后，头胸抬起，呈"观星"状，经几十秒钟产下蛋。下蛋后雌鹤起立，观察巢中，用喙钩动蛋，让其转动角度。整个过程中，雄鹤伫立一旁，始终处于警戒状态。第一个蛋产下后，间隔 1-3 天再产第二个蛋。

由于丹顶鹤的产蛋数量有限，为了提高丹顶鹤的繁殖率，研究人员发现它们有补蛋的习性，可以人工

将丹顶鹤所下的蛋取出来，迫使它再补下一个蛋。通过这种方法，可以使一只雌鹤在繁殖期产蛋5-8个，最多时可达22个，然后将取出来的蛋进行人工孵化，这样就极大提高了丹顶鹤的繁殖率。

那么，为什么把蛋取走后，丹顶鹤还能下蛋呢？原来，它们在繁殖期能在激素控制下于腹部发育出一块无羽毛热皮肤区，即孵化斑。当鹤蛋产下后，将通过孵化斑进行有效的热量传递，完成孵化任务。所以，在人为取走早期所产蛋之后，雌鹤将尽快调控内分泌系统，再补产一个蛋，来刺激孵化斑，以满足其繁殖要求。当然也有误将泥块、砖块等物移至巢中进行抱孵的极个别例子。

丹顶鹤蛋呈钝椭圆形，卵壳厚而坚实，大多灰褐色，少数灰白色、淡绿色，钝端密布棕褐色或紫灰色形状不同、大小不一样的斑点，愈近锐端色愈淡，斑点亦愈稀少。蛋长107-115毫米，宽67-72毫米，重210-282克。

丹顶鹤完成产卵任务后，即进入孵化阶段。

8. 孵化

哺育后代，是天下每个物种的神圣使命，丹顶鹤在孵化后代时，从换孵到翻卵，每一个细节都考虑周到、一丝不苟，尤其是它们相亲相爱，举止文明，绝无任何粗鲁的行为。如此的温馨和文明，令人感动，堪称天下物种之楷模。

孵化期一般为31-33天，亲鸟在31-33天的孵化中，雌雄鹤配合得十分默契，也从中充分显露出"夫妻"间的恩爱与体贴。丹顶鹤"生"宝宝，与人类不同，有趣的是，整个过程由"双亲"共同完成。通常情况下，雌雄鹤轮流孵化，相对而言雌鹤孵化时间略长于雄鹤。一方孵化时，另一方除采食外，其余大部分时间用来警戒，担任护卫任务。

孵化过程中，每隔2-4个小时就要起身翻卵，用喙将卵细心翻动，并调换伏卧方向后继续坐巢。翻卵可以保证孵化期间的均衡温度，对孵化起着重要作用。

每隔一段时间，双鹤进行换孵。换孵多数由采食地一次直接飞至巢区。每次换孵时，坐孵者站起，双鹤会在巢的附近轻轻对啄，引颈高歌、对舞，然后互换位置，很有"礼貌"，十分"相亲相爱"。而每次换孵时，它总是以某种方式催促被换孵的一方，让其早点起来休息、进食，别累坏了。其关爱体恤之情，

让人类也为之感动。坐孵的鹤替换后，第一件事是梳理羽毛，然后去觅食，回巢前也要梳理羽毛，"夫妇"之间很讲究"仪表"。

9. 诞生

目前，全球野生丹顶鹤仅存约3100只。每一只小鹤的诞生都是大自然弥足珍贵的生命馈赠。

最早在每年的5月上旬，湿地世界开始陆续迎接丹顶鹤新生命的诞生。蛋壳内轻轻的啄壳声和"唧唧"的低鸣是出生的前兆。丹顶鹤夫妇是天下万物中的模范父母。雄鹤焦躁不安地在四周逡巡，雌鹤也无心进食。蛋壳先是被啄开一个小洞，经过大概一天一夜的努力，嫩黄的长喙就会探出来，接着翅膀用力撑开，蛋壳破了。和煦的阳光下，顶着大脑袋的鹤宝宝，慢慢睁开一双黑黝黝的眼睛，好奇地打量着周围的一切，宣告自己正式来到这个世界。

刚出生的幼鹤看上去更像是一只高大的"小鸡"，全身披以淡黄褐色的绒羽，背中部颜色较深，胸腹色浅，喙的基部到中部呈乳黄色，喙尖银灰色。跗跖黄褐色略带灰色，显得十分粗壮。

10. 成长

随着新生命的诞生，成年鹤开始担负起照顾幼鹤的职责。幼鹤的形态也与刚出生时变得有所不同，这得益于父母的精心照料和充足美味的食物。

幼鹤出壳后就能睁开眼睛。3天后能在巢区游走，而且一天比一天走得更远。

出生20天的幼鹤对彼此充满了好奇，能跟随父母到巢区外去觅食，四处游荡。

幼鹤满月，亭亭玉立。

两个月的光景，幼鹤就有1米高了，显现结实的腿和关节，还有发达的肌肉。

1岁的幼鹤羽毛几乎全为白色，仅残留一些褐色斑块，颈部羽毛颜色逐渐加深。头部裸区棕褐色。1岁以后颈侧羽毛逐渐变黑，裸区变红，体形略小。

2岁时身体基本发育成熟，头顶裸区红色越发鲜艳，虹膜褐色。

出壳后的小鹤要在父母的共同关爱下，进行各种行为和"语言"练习，如行走、觅食、奔跑、飞翔等技能。

当北方第一次寒潮袭击时，小鹤已能跟随父母作长途迁徙，飞往南方的越冬地进行过冬。

第二节 迁徙来江苏

每年两次数千公里的远行，没有供养，没有后援，很难想象途中的艰辛，但是为什么一定要远走高飞呢？不去远行可以吗？据说生活在日本北海道的鹤群就不思远行了。倘若不远行，不经历那么多苦难也能安居，谁愿意选择苦难呢？当然或许这一物种会变异的，胸肌不再发达，翅膀不再强健。仙鹤何以为仙？云游四方，飘飘然方可欲仙，久不远行，道行渐退，还是仙鹤吗？

千万年来，世世代代的丹顶鹤岁岁迁徙远航，宗教般的虔诚与执着，它们成群结队，划过长空，引吭而去，何等的壮烈与潇洒；它们带着爱人和子女，朝暮相随，云游天涯，何等的智慧与温馨。每当秋风乍起，天高云淡，仙鹤从北方飞来，降临到我们生活的湿地，与我们毗邻而居，和睦相处，能够与丹顶鹤引为知己，是我们的荣耀和幸福。

从俄罗斯的布拉戈维申斯克到中国境内的黑龙江扎龙，再经吉林向海——辽宁盘锦——山东东营，最后到达江苏盐城，这条丹顶鹤西部迁徙种群通道全长约2500公里，是丹顶鹤迁徙种群中飞行距离最远的家族。

1.迁徙的动因

丹顶鹤的迁徙年复一年，永不间断，是什么使之产生迁徙的冲动呢？这主要是由鹤的遗传、记忆和生物钟节律等因素引起的。秋天从北向南迁，主要是为了觅食。冬天，北方的湿地被大雪覆盖，没有食物可寻，湖河结冰无水可喝，只有南迁才能生存。而从南往北迁，还受繁殖期体内生理刺激的影响。北方的春夏拥有更多的食物和更充沛的阳光以抚育幼鸟，充足的光照有利于幼鹤的快速成长。

2.迁徙前的准备

天气的变化是迁徙的前提，以当地气温正负3℃为条件。每年，当北方开始出现霜冻、冰雪，地面吹起较强的偏北风时，丹顶鹤飞往南方。来年春回大地，地面吹起偏南风时，丹顶鹤又会飞回北方。

寒潮即将来袭，在一个刮西北风的清晨，丹顶鹤家族的南迁之旅开始了。它们大多以家庭为单位，二人世界或三四口之家，没有形成家族的青年鹤集结成10只左右的集群。第一次参加迁飞的小鹤紧紧跟随在父母身边。第一次迁徙小鹤们需要牢记地面的标记，为今后独立迁飞确定方向和位置。迁徙途中，不同的

丹顶鹤集群不断加入，逐渐合为一个大群，最多可达几十只。

在仙鹤南飞的季节里，秋高气爽，东边的大海也越显平静。人们举目远眺，成群的丹顶鹤从头顶飞过。一会排成"人"字，一会排成"一"字，风声鹤唳，渐行渐远，古往今来，多少人为之动容，为之思绪万千。

数千公里的飞行，能量消耗极大，丹顶鹤要花费几天甚至几个星期来储备足够的能量，以应对长途跋涉和各种可能出现的恶劣条件。丹顶鹤会选择一个食物充足的地方，大量进食。迁徙前的成鹤体重能达到11千克以上。迁徙途中，丹顶鹤的体重会减轻三分之一，有些个体甚至在迁徙途中即被无情地淘汰，未能成功飞到越冬地。

3. 迁徙中的智慧

善于飞翔的体能——鸟类迁徙时的飞行高度一般不超过1000米。丹顶鹤有极强的飞翔力，它的形体、骨质、羽翼都适合长途飞行，可飞至1000米左右的高度。鹤的胸椎椎体有许多大小不等的孔，胸骨骨质较松。扇动翅膀的肱骨和支撑身体的跗跖骨中间是空的，

但骨管中又有细小的骨架，形成桁架。这就使鹤的骨骼较轻且坚固，适于长途飞行。它的翼展最长可超过2米。双翼能自由伸缩，折叠自如。飞翔时，展开黑白相间的翅膀，伸直头颈和双腿，"十"字般的造型和流线型的躯体显露出秀逸和潇洒，给人直冲云霄、奋发向上的美感。

驾驭风力的能手——丹顶鹤飞得高远还缘于它是驾驭风力的能手。秋季的北方受西伯利亚寒流的影响，经常刮偏北风，丹顶鹤就会借助风力南飞。春天的南方在高压偏南气流的影响下，又会刮起南风，丹顶鹤又会驾风北上。

在上升气流的带动下，丹顶鹤顶风起飞，在天空不断盘旋，之后它们停止盘旋，排成倒"V"字队列，在重力和风的推动下向南滑翔。

"V"字或"一"字是最省力的队列。这样只有领头的鹤需要迎风搏击。这一般由成年鹤担任，每隔一段时间其他成年鹤前来替换。科学家曾计算，结群飞行比单只飞行可节约能量70%，是真正的"智慧飞行"。

大自然可以容纳许多生众，其实是提供了大量的资源和机会，聪慧者，顺之则昌，弱智者，顶风则亡，天亦谴之。

太阳落山后，鹤群大多会降落在合适的湿地或沼泽里过夜。

南飞的过程一般较为缓慢，在天气温暖的时候，丹顶鹤会不时选择"驿站"，休整一星期左右，摄取大量食物，来保证继续迁飞的需要。

远古时期，远飞的鹤群可供栖息的驿站遍野皆是，人类的发展把大量空间占领了，如今则一站难求。于是，自然保护区成为候鸟漂泊过程中的栖息驿站，年代久了，便成为候鸟的故乡。

在晴朗无云的天气里，辽阔的天空中远远传来"咕噜噜——"的悠悠长鸣，就能知道那是鹤群正从我们肉眼几乎看不到的高空里飞过，秋风中的鹤鸣给人无限遐想。

4. 迁徙中的危险

丹顶鹤虽然会飞而且体形高大，却也有天敌，如狗獾、豹猫等兽类。

今天丹顶鹤在迁徙活动中最大的危险则是人类的伤害。包括迁徙航道上的栖息地被无序开发和破坏，迁徙过程中被捕杀以及人类设施如灯光、车辆、高压线等对迁徙的影响。

5. 黄鹤一去不复返

关于黄鹤，作者几乎查遍了所有的鸟学文献资料，都没有黄鹤的描述。那么，黄鹤一说源于何处呢？据传，南朝梁萧子显编撰的《南齐书》中说："夏口城据黄鹄矶，世传仙人子安乘黄鹄过此上也。"宋乐史撰写《太平寰宇记》中，也有类似叙述。据查，黄鹄就是指的黄鹤。

根据相关史料描述，我们可以认为，所谓黄鹤，是我国古代文人对丹顶鹤或白鹤、白枕鹤幼鸟时的外部形体特征描述。让我们来看看以丹顶鹤为代表的幼体是什么样子的：

刚出壳的雏鸟全身披以淡黄褐色绒羽，背中部色较深，胸腹色浅；喙基至喙中部乳黄色，喙尖银灰色；腿黄褐色略带灰色。这时除顶羽干了之外，背部羽毛湿润。18天后，粉状胎羽全部脱落，全身披绒羽。10日龄前增重缓慢，初期略有下降，15日龄后迅速增长。25日龄头顶、背部、两翼红棕色变淡，上体棕黄，下体略带灰白。3个月后羽毛开始出现白斑，但远观仍然以黄色为主，直到1年后才慢慢褪去黄色。鉴于上述原因，人们将丹顶鹤的幼体至亚成体这一生长期称之

为黄鹤了。

所谓"黄鹤一去不复返"之说，则是相对于丹顶鹤在北方繁殖地的人们而言的。丹顶鹤每年 5、6 月在北方出生，之后开始跟随在亲鸟身边慢慢成长，直至 10 月份向南方迁徙。在这四五个月的生长期内，当地人看到的便是黄鹤。在由北方向南方迁徙时人们看到的是成年丹顶鹤带着幼小的黄黄的鹤离开出生地的，当这些黄黄的小丹顶鹤到南方江苏一带度过 5 个月左右的越冬期后再次回到北方出生地的时候，已经变成以白色羽毛为主的亚成体丹顶鹤，此时远远看去似乎为通体白色，基本看不出当时那种黄鹤的特征了。这种自然现象循环往复，年年如此，所以才有"黄鹤一去不复返"之感叹。

除丹顶鹤之外，白鹤、白枕鹤等在生长发育期几乎都是以黄褐色为主，只是古人分不出如此多的种类而已。

小鹤飞往南方越冬后，直到翌年 3 月中旬才会与父母回迁北方。到那时，近一周岁的幼鹤会完全褪去棕黄色的羽毛，换生出黑白分明的羽毛，除尚无红色肉冠外，与成年丹顶鹤没有差异，已无任何"黄鹤"

的影迹。

唐代诗人崔颢在《黄鹤楼》一诗中写出"黄鹤一去不复返，白云千载空悠悠"的千古绝句，是对丹顶鹤的生理习性做了最好的注解。

黄鹤一去不复返，正如人类那回不去的美好童年时光，唯有父母的辛勤哺育、童年的无忧无虑在时光中永恒。逝去的是童年，得到的是成长。每年两次的迁徙之旅注定是丹顶鹤成长中必经的一场场磨砺。年复一年的飞翔中，改变的是容颜，不变的是航线，是家园。

第三节　丹顶鹤为什么要迁徙

凡是候鸟，每年春秋都要进行一定范围内的迁徙活动。所谓候鸟，即随着气候条件的变化而变换繁殖地和越冬地的鸟类。候鸟又分为冬候鸟、夏候鸟、旅鸟，常年留居一地的鸟为留鸟。丹顶鹤在江苏为冬候鸟，在北方则为夏候鸟。

丹顶鹤每年9月下旬至10月上旬开始由北方的繁殖地向南方迁徙，在南方越冬。翌年2月下旬至5月上旬又从越冬地向北迁飞，到北方繁殖地进行繁殖。

就这样周而复始，年复一年，世代相传。

那么，丹顶鹤为什么要不辞劳苦长途跋涉，进行一年一度的迁徙呢？鸟类学家经过研究，提出了许多种原因，其中主要有以下几种原因。

生态因素：丹顶鹤的迁徙是由于环境压力所迫，即外界环境条件恶化所致。北方的夏天花草茂盛，昆虫繁生，为丹顶鹤提供了丰富的食物；光照时间长，使丹顶鹤有充分的时间进行育雏活动，有利于雏鹤的存活和生长。到了冬季，北方是一片冰天雪地，所有湖泊、河流和沼泽湿地都被冰封，食物十分缺乏，丹顶鹤为了生存，就不得不离开繁殖地，到南方越冬。而到了夏季，南方炎热、多雨、季风多，又不适宜于丹顶鹤进行营巢活动，迫使它们又回到繁殖地。这种季节性的气候变化，每年反复不断发生，久而久之，这种后天的获得性（回归的要求）就被保存在遗传记忆中，成为丹顶鹤的本能。

生理因素：外部的生态因素必须通过内部生理机制才能起作用，神经内分泌等生理活动调节整个机体的生理机能活动。实验证明，体内激素分泌与光照长短有密切的关系。光照增加，激素分泌相应增加，因而促使生殖腺发育、膨大，促使鸟类向北迁徙；光照缩短，激素分泌减少，生殖腺萎缩，内分泌机能衰退，促使鸟类南返。可见，生殖腺的变化和光照的季节变化有着间接而又极为紧密的关系。光照等外部刺激起着信号作用，这种信号通过内部的神经—体液调节而起作用，这样可以使繁殖十分精确地与外部环境条件相适应，从而保证整个繁殖育雏期是在最有利的季节条件下发生。

历史因素：从历史因素来考虑，有些鸟类学家提出鸟类迁徙起源于新生代第四纪的冰川期。当时在北半球冰川由北向南袭来，北方的天气极度寒冷，一切都被冰雪所覆盖，给鸟类的生存带来极大的不利。恶劣的气候条件影响了鸟类的生存，迫使它们离开长久栖居的故乡，向适宜于生存的南方迁徙。以后随着冰川向北退去，鸟类便在夏季向北方迁徙。随着冰川周期性的向南侵袭和向北退去，鸟类形成了周期性的南迁北徙。就这样经过长时期的历史发展过程，逐渐形成了鸟类迁徙的本能。

第四章

丹顶鹤的生存现状——越冬地生活

　　飞越千山万水，丹顶鹤抵达盐城滨海湿地，开始每年长达五个月的越冬生活。这里是鸟类的天堂，众多珍稀濒危鸟类的迁徙目的地，是生物多样性的重要保存地。丹顶鹤的越冬生活如何度过？这又是一个怎样充满魅力的神秘世界？让我们一起走进江苏盐城国家级珍禽自然保护区，来到300万只迁徙候鸟、50万只留鸟繁衍生息的家园。鹤鸣九皋，声闻于天，引呼高朋，踏歌而行。东方太阳正在升起，我们伴随着仙鹤天籁的音律，让心灵回归芦荡、旷野、河谷与水域，在沐浴春风阳光，呼吸海滨气息的洗礼中，逐渐融入

人与自然和谐共生的美妙境界。

江苏盐城珍禽自然保护区成立于 1983 年，1992 年经国务院批准晋升为国家级自然保护区，并先后加入联合国教科文组织人与生物圈保护区网络、国际重要湿地、东亚—澳大利西亚水鸟迁徙区合作伙伴等国际组织，是中国最大的海岸带自然保护区，中国魅力湿地之一。

保护区地处江苏中部沿海，位于东经 119°53′45″–121°18′12″，北纬 32°48′47″–34°29′28″ 之间，由盐城沿海东台、大丰、亭湖、射阳、滨海和响水六县（市）的滩涂组成，海岸线长约 500 公里，总面积 24.73 万公顷（2473 平方公里），其中核心区为 2.26 万公顷。主要保护丹顶鹤等珍稀野生动物及其赖以生存的滨海湿地生态系统。

区内有动植物 2500 多种（其中鸟类 405 种，兽类 32 种），属于国家一级保护野生动物 14 种，二级保护野生动物 83 种。这里不仅保护着中国境内最大的丹顶鹤种群，是中国最重要的沿海滩涂湿地生态系统、中国 17 个生物多样性热点地区之一，同时也是国际上最重要的鸟类迁徙通道之一，每年约有 300 万只鸟在此栖息、繁衍、越冬。

独特的地理位置、淤积淤长型海岸带、丰富多样的滩涂湿地生态系统，浩瀚无边的"芦苇荡"，一望无际的"红地毯"，引来了素以典雅的神韵、秀逸的体态和优美的舞姿而著称的美丽天使丹顶鹤和它们的动物伙伴来此栖息，使广袤的江苏盐城沿海滩涂充满了神奇和活力，呈现出一派生机盎然的"动物乐园"。

丹顶鹤每年 10 月中下旬开始陆续迁徙至盐城沿海滩涂越冬，翌年 2 月下旬又相继迁出，3 月上中旬迁徙结束，越冬期 4–5 个月。

第一节 闲云野鹤的日常生活

生命角色的转换

鸟居巢，兽居穴，人居屋，自古如此。丹顶鹤在北方生活期间，因为肩负种族延续、繁衍后代的神圣使命，必须给孩子一个安全温暖的家，因此筑巢是必需的，然而丹顶鹤天性是浪漫的，心胸是宽广的，更喜欢广大的天空和辽阔的原野。对于冬天移居盐城的野鹤部落，整个海涂湿地就是一座天然的家园，这是一个更为智慧的理念。它们干脆省略了筑巢的麻烦，也就省却了捍卫一切身外之物的烦恼，因此，丹顶鹤

虽然久负盛名，却活得清风明月；虽身长 1 米有余，却飞得身轻如燕。丹顶鹤群一路远行来到冬季行宫，从云层降至湿地，在尚未结冰的浅水里沐浴洗尘。

不同的动物有不同的家园，食物、水和隐蔽物是决定动物栖息地的主要因素。大熊猫隐居竹海，狮子驰骋草原，丹顶鹤则以湿地为家。湿地是丹顶鹤最适宜的栖息地。少年鹤随父母来到盐城，寻觅冬日里的理想家园。

飞行者的角色暂时中止。在整个冬季，它们享受着闲云野鹤以舞蹈与觅食为主要特征的休闲生活。

2000 年，冬居盐城的丹顶鹤曾高达 1128 只，这是一个庞大的部落，几乎占有这个物种当年总量的 1/2。它们选择了相对稳定的七个生活小区，每座小区居住150 只左右，大群落近 200 只。选址的要求是，有零星芦苇，可适度遮风，但芦苇不宜稠密，否则影响视野，不利安全；最好是浅水区域，水边有一处空旷地带，适合集中，易于疏散。

影像资料显示，那年野鹤部落七个居住区呈现北斗星排布，这样的布局很神秘。冬季海边的夜晚，万籁俱寂，寒星笼罩着隐隐约约的鹤群，似乎在演绎一个古老的童话。

晴天的早晨 6：20 鹤群开始鸣叫，3-5 分钟后相继飞离夜栖地，有部分鹤群延迟到 7：00 左右飞离，个别家族群在 7：20 才飞离。延迟飞离的鹤群，在其他大群飞离后，主要是留在原地作短时间的觅食等。雨雾天气时，6：50 鹤群开始鸣叫，但不及晴天鸣叫声调高亢，飞离时间可延至 8：00 左右。也有家族群全天停留在夜栖地内活动。

傍晚，鹤群从觅食区飞入夜栖地，夜栖数量多时达 515 只。降落时首先是迫不及待地饮水，其过程是：从空中落入水中时，颈部伸向前下方，喙急忙插入水中，然后喙从水中先翘起，与颈部形成"V"形，直至抬头超过身体高度后咽进喙内的水，再重复上述过程 10-15 次，速度由快渐转慢，3-4 分钟内完成。在飞落水中的同时，先来的鹤群会高声鸣叫。饮水后用喙在水中插洗几次，再缓慢地走几步至几十步，有些群体是寻找自己的夜栖落脚点，有的是慢行散步，有的则是在夜栖地内继续寻食。行走途中遇到同类个体时，将有一方主动避让，未发现有激烈争斗现象，至 17：40 后即开始进入夜栖状态。遇有阴、雾、雨雪等天气时，所有鹤群都比晴天提前一定的时间飞入夜栖地，且边飞边鸣，一次性集群飞入的最大群达 190 只，降落后仍持续高声鸣叫。每飞入一群，即引一次鸣叫高潮，其中当年生幼鹤则以抬头观望为主，间杂其特有的鸣声，整个鸣叫过程最长持续时间达 1 小时。

第二节　神秘部落的组织架构

物以类聚，鹤以群分

"组织与秩序是万物生存的行为规则，秩序稳定基因，基因进化物种。"每年冬季，约有 700-1200 只丹顶鹤来到盐城湿地，在保护区核心区，它们将组合成大的族群。在组合的过程中，看不出有族群管理者和大型活动组织者，整个体系和机制都是在久远的进化过程中逐渐形成并相对固定，聚散离合，顺乎自然，井然成序，了无痕迹。或许像麋鹿那样的大家族鹿王管理系统完全不适合这个种族每年两次的远走高飞，而小型紧密性的组合更具机动性、灵活性。关于丹顶鹤大型族群组织体系，有待更长期的观察与研究。

鹤童组合——优秀种族的战略储备

丹顶鹤以家庭为基本生活单元，但存在着一个奇

异的生态现象——鹤童组合。凡未成家的青少年丹顶鹤是要单独组群的，不再与父母生活在一起。这是一个充满青春活力、充满幻想、理想、朝气蓬勃的群体，一起觅食，一起游玩，一起舞蹈，一起起居，甚至一起组团高飞远行。它们生活经验不足，自理能力不强，常常丢三落四，把日子过得乱糟糟。就这样磕磕碰碰但非常愉快地成长着。每个群体10只左右，在离成鹤不远的地方，过着无忧无虑的鹤童生活。知心发小自然是在圈内形成的，终身伴旅也基本是在圈内搞定。为了奠定将来终身牢固的家庭关系，为了迎接即将来临的艰苦卓越的长途远行，优秀的丹顶鹤种族以战略的目光，在种族的基因中形成鹤童组合的生存形态，无疑是一种超乎自然的智慧选择。

孤寡者——鹤群中的弱势群体

这个世界始终由正反两个方面组成，任何盛大欢乐的背后，总会伴着极度的悲哀与无奈。由于各种原因，相当一部分丹顶鹤痛失配偶。而基因注定，这是一个不予续弦的种族。作为弱势群体，孤寡者也有自己松散的族群，而更多的是离群索居。面对欢乐家庭，它们黯然绕道，面对快乐鹤童，它们隔河而行。它们很

少欢乐地鸣叫，在大型舞会上，基本不见它们的身影，更多的时候，在万籁俱寂的夜晚，它们为温馨的家庭担任警戒，在星月轮回中度过残生。

还有少年流浪者。父母过世了，自己却年幼，未能加入鹤童组合。它们常常碍事绊脚地出现在公共舞场，探头探脑地转悠在各个家庭之间，这种流浪幼鹤很少能够健康成长，成家立业，它们往往在某次悄无声息的离群后失踪，从而结束它们短暂而黯淡的一生。

冬季阴盛阳衰，病死老死的丹顶鹤往往在这个季节最多。丹顶鹤以长寿著称，理论年龄可达 60 岁。即将老去的丹顶鹤是淡定的。半个世纪的风云际会，尊贵高雅的生命历程，使它们达观而充满智慧，在冬季的海边，它们会缓缓走向海涂的深处，面对西天如血的残阳，寻一处狼尾草浓密的地方，轻轻地卧伏，把生命的终极当成新一轮的远行。

第三节　越冬期集群

越冬期丹顶鹤集群行为主要有迁徙集群、夜栖集群、低气温集群和其他集群。气候条件与其密切相关，其他自然条件与环境因素也能对其产生直接的影响。

丹顶鹤迁徙到达越冬地后，每出现一次寒潮便发生一次较大的集群行为，但寒潮过后，即使气温仍未回升，鹤群亦会再次分散觅食。初期在环境温度降至8℃时即有集群行为发生。当秋季迁徙结束，越冬群体进入稳定阶段后，环境温度降至－4℃以下时，几乎每天都在觅食过程中发生较大的集群。晴天11:00-15:00时较为分散，但有集群午休或嬉戏的行为，其他时间均以集群的形式觅食或寻食行走、飞翔等。在环境温度达到–7℃以下时，早晨从夜栖地飞到觅食地后，全天都在一定的范围内集群活动，最大集群达287只，主要集中在植被疏密有序的小区，活动范围约300公顷，其中上午10:00前，下午15:00后群体集中密度相对较高，10:00-15:00之间则相对分散，但远观仍为一大群体。因滩涂面出现冻土层，给鹤群的觅食活动带来了一定的难度，所以它的全天时间都用于觅食，在飞往夜栖地之前30分钟内，有些鹤群会加快步伐寻食，取食的速度亦比白天快，显然这是白天取食量不足的缘故。

第四节 迁徙集群

迁徙是鸟类对改变着的环境条件的一种积极适应

本能。丹顶鹤每年春去秋来，周而复始。

每当春回大地，万物开始复苏之时，在越冬地日平均气温稳定超过 3℃ 以后，日最高气温达 10℃ 以上时，晴天或少云，静风或 5 级以下的偏南风等基本的气候条件下，丹顶鹤便开始春季迁徙。通过观察，丹顶鹤日迁飞最高峰为 253 只，最大迁飞集群为 124 只。迁徙前期和后期以集小群为主，中期则是迁徙集群的鼎盛时期。一般早晨，丹顶鹤在经过夜栖集群后，6∶00 便开始群体鸣叫，其声调高亢，此起彼伏，波及数公里，持续 0.5–1 小时，随之作短暂的分散觅食后，再次集群向北迁徙，且边飞边鸣，形成迁徙鸣声。迁徙队形主要为"一""八""人"字形和松散群，家族群迁飞时保持在"一"字形和"人"字形两种形式。迁飞群越大越无规则，一般是 15 只以上的群分不出明显的队形。迁飞过程中鹤群时常变换队形，尤其是发生盘旋行为时的鹤群，在盘旋过程即开始变换队形。盘旋一般亦发生在 9∶00 以后的迁飞群中，它们在高空伸展两翅，滑翔成圈状，盘旋圈数从 2–10 圈，直径 200–1500 米不等，时间为 2–5 分钟，最高高度可达 400 米以上。迁飞途中遇到猛禽进攻时，它们几乎不予理睬，只是略调整一定高度后，仍形成一群继续前飞。迁徙过程中有因遇到冷锋后再回迁的现象。

秋季在丹顶鹤的繁殖地北方地区受寒潮影响，日平均气温稳定降低至3℃以下时，丹顶鹤便开始向越冬地迁飞，集群则以迁徙中后期为主，每次都在北方强冷空气的影响下向南推进，直至到达越冬地。秋季迁徙中没有发现有盘旋、迁徙鸣声等行为。

第五节　动态选择觅食区

丹顶鹤每年10月下旬至翌年的3月上中旬在盐城国家级自然保护区内越冬，个别年份可提前至10月中旬迁来，迁出时也有少数个体推迟到4月上旬飞离。秋末，丹顶鹤迁徙期结束后，种群即相对稳定在一个较大的区域范围内栖息。根据越冬期丹顶鹤的日活动规律，我们将丹顶鹤的栖息地划分为日栖地和夜栖地。夜栖地即夜间栖息地，它和隐蔽条件（安全度）密切相关；日栖地即白天栖息的区域范围，它除和安全度有一定的联系外，食物资源和取食条件更能影响丹顶鹤的日活动范围和行为节律。整个越冬期内，盐城保护区内原始滩涂湿地、水稻田、芦苇基地、鱼塘和生

态工程、沙蚕基地、冬麦田等多种类型的觅食区在不同的区域范围内交错分布，并随时间推移而先后出现，对越冬期丹顶鹤对觅食区的动态选择和鹤群分布产生了极大的影响，对越冬种群的管理也提出了挑战。

原始滩涂区　原始滩涂历来是丹顶鹤冬季觅食的主要区域，但随着人类对原始滩涂日益频繁的开发，其面积在大幅度缩减，目前除核心区外，其他区域原始滩涂几乎被开发殆尽。因此，核心区内的原始滩涂对丹顶鹤的越冬栖息和觅食分布就显得尤为重要。这一区域分布着面积不等的盐蒿滩、獐茅草滩、高矮不等疏密有别的芦苇滩、多种植物混生的草滩、潮间带泥滩等类型的觅食区。整个越冬期都有数量不等的鹤群交替分布在上述觅食区，最新的调查结果是始终表现为正选择性。尤其是早期迁来的鹤群和越冬期的夜栖选择均表现为正选择性。即使是在其他觅食小区或环境斑块内有利性食物密度较大时，大批鹤群阶段性移至上述范围觅食，但夜栖仍选择在核心区内。白天在其他觅食区遭到威胁时也将返回核心区内，以躲避可能发生的灾难。在核心区内各种类型的觅食区中，潮间带泥滩处的低等动物食源较为丰富，但常常受海

水涨落潮的限制。因此选择在此觅食的鹤群相对较少，其他区域在不同的时段都有较多的鹤群觅食。

水稻田区 水稻田区系特指位于射阳县芦苇公司境内开发的大片滩涂水稻田，它的周围与大片的芦苇滩、大面积的鱼塘等交汇，形成了受人类活动影响较小（尤其是冬季影响更小）的人工湿地生态系统。

人们在秋季收获作业过程中，常有水稻粒散落在地面而无法收取，特别是在稻谷成熟后遭遇暴风雨袭击，导致大片水稻倒覆，收割时会造成更多的稻粒散落，无意中给越冬期的丹顶鹤提供了丰盛的食源。入冬后，人类的生产活动相继停止，越冬的丹顶鹤数量渐渐增多。核心区内的取食压力就会增大，这时丹顶鹤往往以分散取样方式获取食物分布的信息。水稻田则是它们获取最快的信息点。从最初调查发现家族群开始，3–10天后便有 400 余只的大集群。同时，也引来了 500 余只灰鹤一起觅食。这一时段一般出现在 12 月份。觅食以稻粒为主，兼食田间昆虫和螺类动物。

芦苇基地区 芦苇基地是自然生长的芦苇和人工栽培以及采取人工措施，实施有效管理的芦苇滩地。滩地上生长的芦苇植株高度均在 2 米以上，且群落覆盖度也在95%以上，平时丹顶鹤无法进入这一区域觅食，但进入12月份起，田地管理者将组织人员收割芦苇出售，以获得一定的经济效益。随着这一生产经营过程的逐步扩展，被收割的芦苇滩地先后暴露，平时自然繁衍的各种鱼虾、昆虫、底栖的其他低等生物及草籽等相继裸露，又为越冬丹顶鹤提供了新一轮觅食空间。鹤群仍以它们固有的方式获得这一新的食物分布区。这一觅食区的出现过程，正是水稻田区食物密度慢慢降低的过程，鹤群就须转移到下一个较有利的觅食小区觅食。收割后的芦苇滩地正满足了转移觅食小区的需要。这一阶段为元旦前后至2月份。

鱼塘区 所指的鱼塘非一般的小池塘，而是指远离居民区，与滩涂或其他生境类型交汇，具备湿地基本功能的一类湿地，面积一般在千亩以上。平时放养了一定数量的鱼、虾、蟹，冬季陆续放水取货投放市场。具体作业过程中，放水是一个渐进的过程，直到放水后期也会因为操作困难在部分地段留下薄层积水而漏下许多小的鱼虾，成为丹顶鹤较为经济的觅食资源。因为从觅食行为经济学角度分析，一次性取食能够进入食道内较大的鱼（或虾蟹）类比取食各种较小个体

的低等动物或草籽、根茎等食物的效率更高。同时，当丹顶鹤的食物多样性和丰富度较为统一时，丹顶鹤也总是选择有利性更大的鱼虾类食物。因此每年的1—2月份各鱼塘在时间和空间上交替取鱼作业，为丹顶鹤对此类觅食区的动态选择提供了便利条件。这一过程和芦苇基地觅食区穿插进行，渐进有序。

生态工程区　生态工程即湿地恢复工程，为大面积的浅水沼泽，水生动植物资源适度分布，不仅为丹顶鹤等水禽提供了安全度较高的隐蔽条件，同时也为其提供了较为有利的食物资源和取食条件。由于人工调节水源，在干旱年份，当自然沼泽相继干涸，滩涂生物资源匮乏时，其生态调节功能更加显著。这类生态环境1995年冬曾出现过最大的夜栖集群，集群量高达515只，也引来数万只水鸟与鹤群混群栖息、觅食。丹顶鹤在此仍以取食鱼虾为主。其选择性近似于鱼塘区，在时间次序上几乎涵盖整个越冬期。

沙蚕基地区　沙蚕（Perineris aibuhitensis）是穴居在滩涂的一种软体动物，具有一定的药物价值和经济价值，属可适度利用的资源范畴。为避免掠夺式的采挖，经审批，保护区在核心区边缘地带建立了面积为

三千亩的沙蚕养护利用基地，一年四季均可限量采挖。冬季采挖沙蚕时要将部分地段土层翻动 20 厘米左右，这样就会导致 20 厘米土层内的各种穴居动物暴露出来，从而引来鹤群觅食，往往形成人群在前翻土取沙蚕，丹顶鹤随后觅食的场景。

冬麦田区　冬麦田也是与滩涂毗邻且地势低洼，或在原滩涂中开发形成的，这类觅食区仅在秋冬季干旱的年份出现。因为长期的干旱将导致滩涂湿地生物资源严重匮乏，造成丹顶鹤的冬季食源严重奇缺，迫使其向滩涂外延扩展寻找食源。在这一特定条件下，麦田就成为越冬期丹顶鹤选择觅食区的范围。出芽后的麦粒自然就成为丹顶鹤越冬期的食物组成部分。

人工投料区　越冬期特殊的气候条件下，保护区管理人员在核心区边缘实施人工投放饵料行动，能引诱大量的丹顶鹤集群觅食，并改变其日常行为节律。越冬期内，如遇到持续的低温气候，致使地表出现 10 厘米左右的冻土层；连续降雪，地面形成 10 厘米以上的积雪；长时间的干旱，滩涂土壤干裂，造成生态小区的质量突然下降等自然灾害时，为确保丹顶鹤的正常食源，保护区管理者将定时定点限量实施人工投料措施，在短期内改变丹顶鹤的食物结构、活动范围和行为时间分配。

越冬期丹顶鹤对觅食区的动态选择过程，也是丹顶鹤对人类活动影响觅食区变化的一种积极适应过程。客观上，丹顶鹤越冬期种群达峰值之际，也是多种类型的觅食区交替分布或同时出现的高峰期，这不仅满足了大群丹顶鹤获取大量食物的需要，同时也满足了丹顶鹤作为杂食性鸟类在各种不同的觅食区或环境斑块内选择各种类型的食物需要。因此，当原始滩涂湿地不能完全满足丹顶鹤的觅食需要时，丹顶鹤便在一定的时空范围内依赖人类特定的强度适宜的生产活动，但这类活动都应是在遵循自然规律，适应滩涂特性的前提下进行，进而能够与原始滩涂湿地生态系统达到互为调节和补充之效应。

当然，水稻田、芦苇基地、鱼塘、冬麦田等类型的觅食区，虽然也在盐城国家级自然保护区的保护范围，但在具体实施有效管理过程中仍面临一定的实际困难。因为区域内相关群体之间的利益分配目标各异，各自管理或被管理的对象有别，无法用同一尺度来衡量，在局部地区可能会造成失误。如冬麦田，农民在秋播时为防治麦虫，往往在麦种里掺拌部分农药，丹顶鹤取食时可能会造成中毒。

此外，当今的滩涂开发活动，已经改变越冬期丹顶鹤的栖息地现状，也改变了其觅食区范围。如果原本就有适宜的食物丰盛的生态区域，让其觅食、栖息，鹤群也并非到水稻田等处觅食，以至受制于人类活动的影响。因此，如何保护当今世界野生丹顶鹤最大的越冬栖息地，对其栖息地环境实施有效的科学管理，以确保丹顶鹤种群的生存与发展，是科研工作者和管理者共同应对并亟须解决的首要问题。

第六节　环境因素与越冬行为

丹顶鹤越冬期间，气候因子的变化是对其行为产生直接影响的主要因素，温度、雨、雾、雪、风等发生大幅度变化时，都将导致越冬期丹顶鹤的行为发生相应的适应性变化，对迁徙行为的影响则更为明显。而食物和水源则通过气候因子的变化和安全度的影响再次反映到丹顶鹤的越冬行为中来。

气候因素　气候因子对丹顶鹤越冬行为的影响主要表现在迁徙、集群及日常行为等方面。

春季迁徙行为　正常情况下，每年2月下旬至3月中旬为丹顶鹤的春季迁徙期，绝大多数群体在这一时期陆续迁出盐城沿海滩涂。当本地处在地面高压偏南气流控制之下，出现偏南风时，开始回春。在日平均气温稳定超过3℃以后，日最高气温达10℃以上，晴天或少云，静风或5级以下的偏南风等基本气候条件下，丹顶鹤便开始春季迁徙活动。

我们以2006年春季迁徙为例，当年迁徙于2月23日开始，3月21日结束。迁徙过程也是一个集群过程，但春季迁徙以中期集群为最，其日迁飞最大数量124只，最大迁飞群达124只。早晨因气温较低，迁飞鹤群相对集中，无明显的队形，也不发生盘旋现象，却边飞边鸣，形成迁徙鸣声。上午9：00以后，气温渐渐升高，迁飞鹤群相对分散，但仍以集群的形式迁飞。各群之间的距离也较近，并可分辨出一定的队形，如"一""八""人"字形或松散群。家族群则保持在"一"字形和"人"字形两种形式。一般15只以上的群无明显的队形。中午前后迁飞的鹤群常发生盘旋行为，并在盘旋中变换队形。迁徙过程中有因遇到冷锋后再回迁的现象，分别发生于1994年、1998年、2004年、

2006 年春季迁徙过程中。

秋季迁徙行为 从第一批鹤群到达（10 月中下旬或 11 月上旬）越冬地，至越冬群体数量相对稳定期，大约需 2 个月。秋季迁徙，丹顶鹤群往往要经历 4–5 次寒潮的推动才能完成。秋季迁徙和春季迁徙不同的是，每次都是在北方强冷空气的影响下向南推进，因此不发生盘旋行为，也未发现迁徙鸣声。而每次寒潮过境时，都是次日早晨才发现观察区内鹤群数量猛增的现状，据此可得知丹顶鹤群的秋季迁徙过程中在偏北风的带动下，于晚间抵达越冬地滩涂。其迁飞的速度和高度也应高于春季，集群数量则以中后期为多。

集群行为 丹顶鹤在越冬期有集群的行为，除夜栖集群外，气温变化对其集群行为有着直接的影响。首先是每次寒潮入侵时都会引起集群，寒潮过后又相应分散。所不同的是首次寒潮（10 月中下旬）袭来时最低气温一般在 0℃以上，以后每出现一次寒潮，气温都会下降一次，翌年元月至 2 月间温度常达到最低点。因此越冬期间早期和中期相比，引起丹顶鹤集群的气温不尽相同，但集群数量最多的时期则发生在冬季最低气温期。一般持续一周以上气温达－4℃以下，可发

生百只以上较大的集群，盐城保护区内最大集群纪录为515只（1996年1月）。在日集群活动中，晴天以上午9:00时前和下午3:00后较易集群。如遇6级以上的偏北风，环境温度达到—6℃以下时，丹顶鹤几乎一整天都集群觅食。

日常行为　丹顶鹤早晨从夜栖地飞往觅食地，开始一天的行为节律。晴天的早晨约6:20鹤群开始鸣叫，3—5分钟后陆续飞离夜栖地，有少部分鹤群延迟到7:00左右，个别家族群至7:20才飞离。雨雾气候条件下，鹤群在6:50开始鸣叫，但不及晴天声调高亢，飞离时间可延至8:00左右，也有家族群全天停留在夜栖地内活动。当环境温度达到—9℃以下时，丹顶鹤群晨飞过程中部分个体有收缩双腿屈于腹下的行为。鹤群飞达觅食地后，面对强风，多迎着风向取食。在低温期的晴天及微风等基本条件下，丹顶鹤群往往能随着太阳光照射的角度转换身体方向进行觅食。即当早晨太阳光从东向西照射过来时，丹顶鹤群头朝西背向东觅食。当进入下午，太阳光从西向东照射时，它们又将头转向东，背朝西觅食，以此用覆于尾上的黑色飞羽来吸收光能。

晴天，越冬期鹤群也有午休的习性，表现为整理羽毛，站立休息，或部分个体间追逐嬉戏等行为，以12：00-14：00之间表现最为明显。阴雨、降雪、强风等气候条件下未见上述行为发生，相反，取食频率较平时快。

进入夜栖地的时间也因天气变化而异。晴天时为16：30-17：00，阴雨天则提前15-50分钟不等。有部分家族群在向夜栖地行走途中，仍表现出急切的取食行为，显然是白天取食量不足的原因。

食物因素 食物因素也常常受制于气候条件和觅食环境。

原始滩涂区域广阔、食物种类丰富多样，有利于越冬鹤群营养物质的多种需求。而淡水养殖区属人工湿地范畴，不同程度上受人类活动影响，然而鹤群能够在某个环境区块内花费较短的时间获取较多的食物。

持续低温至 − 4℃以后，地表易出现冻土层（平均土壤冻结期多在 1 月份），冻土深度约 10 厘米，给丹顶鹤的正常取食带来较大的困难，形成部分鹤群向潮间带转移觅食。降雪覆盖地表，最大积雪深度可达 10 厘米 −25 厘米，造成的后果同样会影响丹顶鹤的正常

取食。而潮间带受海水影响，温度偏高，能减轻冻土层的原理同样也能使积雪机会减少，且积雪的深度也会较浅。因此，无论是土壤冻结期还是降雪期，都将导致移至潮间带取食的鹤群数量增加。遇到上述两种情况，我们将选择鹤群原觅食地人工投放部分饵料，以弥补其野外取食量的不足。

降雨偏少，形成干旱。缺少雨水滋润，空气相对湿度下降，土壤水分蒸发导致沼泽干涸，以湿地为生的各种低等生物因缺水而死亡，湿地生物量下降，丹顶鹤的食物来源减少，基本的生存环境受到冲击。近10年来，先后有3个越冬期滩面土壤因缺水而形成许多裂缝，丹顶鹤群纷纷分散并转移觅食小区，相当多的鹤群白天进入周边的冬麦田取食刚出青的麦种，短期内改变了其原有的食物结构。

安全因素　不同环境条件下的安全度，反映在丹顶鹤越冬期行为上是有所区别的。

受人类活动的影响，丹顶鹤在人工湿地内虽然能够在较短的时间内获取较多的有利性食物，但与原始滩涂觅食区相比，花费在警戒上的时间高出近一倍。在距人群活动距离上，相对而言，在自然状况下的觅食点距人群活动点可达 200 米以上，但如果是乘车行驶地段接近鹤群时不停留，可近至 50 米左右，个别的家族群可近至 30 米。而在淡水养殖区域放水捕捞作业过程中，因其食物相对丰盛，鹤群在人群周围觅食也可近至 100 米左右。当环境气温降至 −8℃ 以下时，接近鹤群的距离可适当缩短。

上述现象表明，不同的环境条件下，安全度在丹顶鹤觅食行为中的反映存在一定的差异性，这种差异取决于是否有利于获取有利性食物。

水源环境　干旱季节丹顶鹤在觅食区觅食，因缺少水源而无法正常饮水和洗喙，所以在傍晚进入夜栖地时即表现出迫不及待地大量饮水，改变了非干旱时节进入夜栖地时先鸣叫后适当饮水的行为节律。饮水后还将花费一定的时间用来洗喙，随之做适当的整羽动作。

综上所述，气候因素、食物条件、水源、安全度等环境因素是影响丹顶鹤越冬行为的主要因素，尤其是气候条件对丹顶鹤等鸟类的直接影响是巨大的。气候条件的变化一方面将引起丹顶鹤生理上的变异及数量、分布和生活方式的变化，如温度变化通过生殖腺变化引发迁徙。而另一方面气候条件的改变通过生物圈内

部相关联的变化作用，再次对丹顶鹤的生活产生影响。由此而产生的各种行为变化则又是对各种环境条件变化过程中的一种积极适应本能。而持续低温导致地表出现 10 厘米左右冻土层、降雪覆盖地面、降雨偏少形成季节性干旱等气候条件，都将导致取食困难。相对而言，前两项的影响是短暂的，后一项影响是长时间的，也是巨大的。

根据本地滩涂高程随时间推移而渐渐增高的趋势，加之干旱等特定条件下湿地特性消退，功能下降等现象，为积极应对恶劣条件下对丹顶鹤觅食、数量、分布等方面的负面影响，盐城国家级自然保护区管理处根据本地海涂演变规律，遵循湿地特性，因地制宜，经专家论证和政府审批后，在核心区边缘地带人为建立了一处约 340 公顷的人工湿地，通过人工调节季节性水位和水生生物，改善了丹顶鹤的越冬栖息条件，作为对原生滩涂觅食区的一种适度调节和补充，发挥了重要的作用。特别是在干旱年份，其对丹顶鹤等水禽的影响更为积极。

因此，丹顶鹤在越冬期内，气候条件大幅度的变化，对其越冬行为的影响也是巨大的，而人为措施如人工湿地的建立，可在一定的范围内减少因灾害性气候条件对丹顶鹤越冬行为所造成的负面影响，从而在一定的程度上减轻对丹顶鹤种群的生存压力，进而有利于种群的动态管理。

第七节　夜间栖息

据 1984–1995 年之间的调查，丹顶鹤越冬期夜栖地始终选择在核心区内的 2 号位（丹顶鹤越冬生态定位观察点）。1994 年初，根据保护区内自然条件与管理工作的实际需要，管理处选择了具有代表意义的射阳县新洋港南岸，保护区核心区北侧边缘地带的 220 公顷草滩作为建立人工湿地的试验选择地点。该地段南为核心区，北为新洋港暨西潮河入海河岸，其滩面高程较高，为迅速淤长的淤泥质海岸地段。

1995 年初人工湿地蓄水后，正赶上丹顶鹤春季迁徙，核心区内的鹤群在此集群北迁，核心区以南地区的鹤群北迁时经过这里短暂停息、饮水、取食补充后飞离。3 月底丹顶鹤迁出后，还首次发现 22 只白头鹤在此逗留。冬季又发现 21 只白鹳同丹顶鹤及其他水鸟混群栖息，濒危鸥类黑嘴鸥在繁殖前集群 340 余只来此活动，白翅浮鸥集群300多只在此营巢繁殖。鸻鹬类春秋迁徙时以此作为长途旅行的驿站，鹭类常年栖息，雁鸭类越冬集群时达1万余只。对人工湿地最为敏感的还是世界珍禽丹顶鹤，1995年秋冬是保护区建区以来遇到的又一个特大干旱年份，核心区内的沼泽相继干涸，给丹顶鹤的正常饮水、夜栖地带来了极大的影响，因而，人工湿地在调节丹顶鹤越冬栖息过程中发挥了明显的生态效应。丹顶鹤白天活动过程中常以人工湿地作为饮水区、洗浴区及觅食区，有部分家族甚至整天在这里觅食栖息。位于核心区2号位（丹顶鹤越冬生态定位观察点）的大片沼泽，过去历年都是越冬期丹顶鹤最大的集群夜栖地，中秋时节尚有少量积水，丹顶鹤初来时仍以此作为夜宿地。入冬以后，积水逐渐蒸发直至完全干涸，鹤群迫于无奈，在经过选择与适应后，确定人工湿地为新的夜栖地。初期，有部分鹤群傍晚饮水后直接停留在此夜栖，但仍有部分鹤群进行适应性选择，即所有的鹤群傍晚都将来到人工湿地内饮水、洗喙等，有部分鹤群则在此之后仍飞往原夜栖地停息，表现了一定的依恋性。经过一段时间的适应，进入12月份，在无人为干扰的情况下，傍晚飞来的所有鹤群已不再飞往原夜栖地。其最大夜栖

集群达515只，为迁徙种群当年越冬集群数量世界之最。

人工湿地建成蓄水后，对保护区核心区及其缓冲地带生境多样化需求，促进生物多样性的保护与发展，进行了一项有益的尝试。虽然人工湿地的面积仅有220公顷，但在保护区内，由于它的周围地带均处于不同程度的保护之中，受其边缘效应的影响，能在一定的时空范围内显示出它应有的生态调节功能。

上述人工湿地的水位决定丹顶鹤的昼夜栖息动态，一般水深应保持在30厘米以下，超过30厘米水深的区域很少见到丹顶鹤的栖息。因此，当人工湿地其他生境指标基本相同时，水位高度就会成为丹顶鹤选择栖息地（含夜栖地）的重要因素。

近年来由于人工湿地的水位以及人工湿地的范围都发生一定的变化，丹顶鹤对夜栖地的选择也相应产生了适应性变化。近三年来，水禽湖夜栖地已基本不见丹顶鹤群栖息，主要是在丹顶鹤越冬期间的水位持续保持在100厘米以上，丹顶鹤无法立足，等到春季降低水位时，鹤群已开始向北迁徙。因此，鹤群被迫迁至东滩和南滩观察点夜栖。

东滩和南滩夜栖地是近年来新发现的分布区，也是 2 号位和水禽湖夜栖地环境因素发生变化后被迫转移至此栖息的一种适应性选择。东滩夜栖地为自然和人工湿地交汇的区域，四分之三为自然湿地，外围主要植物是发育不良的护花米草，其中间隔光滩，为丹顶鹤夜栖提供了基本的环境条件。紧靠此区域并连成大片的部分为人工湿地，冬季有部分积水，周围无人为活动，也基本满足鹤群的夜栖要求。中滩则是丹顶鹤越冬期间水位降至 30 厘米以内时的临时夜栖地，2006 年 2 月发现在此栖息 20 多天后开始春季迁徙。

近年来的研究表明，丹顶鹤的夜栖地随栖息环境的变化而始终处于动态变化之中，这种变化多由人类活动的影响所致，因此保持特定栖息环境，方能使丹顶鹤越冬期间有比较稳定的夜栖地，也才能使丹顶鹤安全越冬。

上述调查结果表明：（1）越冬期间丹顶鹤主要选择在保护区核心区内夜栖。（2）与白天集群有所不同，不受环境温度影响，始终集群夜栖。（3）安全度、水位等环境因素是决定丹顶鹤选择夜栖地的主要因素。（4）当环境因素发生较大变化时，丹顶鹤将被迫对夜栖地进行新的适应性选择。（5）人工湿地特定的环境条件下，在不同的时期内为丹顶鹤提供了可选择的夜栖空间，甚至在秋冬季长期干旱年份成为丹顶鹤越冬期内的主要夜栖地。这与白天丹顶鹤群在人工湿地觅食栖息的数量超过越冬总数的一半成正比。这一现实给我们提出了盐城沿海滩涂人工湿地生态系统作为丹顶鹤栖息地适应性研究的新课题。

第八节　丹顶鹤的食物

仙鹤即丹顶鹤，在生活中它们吃什么呢？其实在丹顶鹤的实际生活中，它们的"菜谱"里还真有海味和"龙宫"珍品呢。

丹顶鹤是杂食性鸟类，如各种小蟹、海鱼、海虾、海螺、海贝、水生昆虫、蝌蚪、海蚯蚓、水蛇、水老鼠及麻雀之类的小鸟等都是它们的食物，它们也吃草种、植物嫩芽、谷物等，此外还间食一些细小砂石之类的坚硬物质，以帮助消化。

春天里草木萌发，丹顶鹤父母会选择食物充足的芦苇丛筑巢，以芦苇、蓟草的嫩芽等为食；小鹤出生后逐步进入夏季，这时食物种类也变多了，小鱼类是初生幼鹤最喜爱的食物。它们慢慢学会了捕鱼的本领。

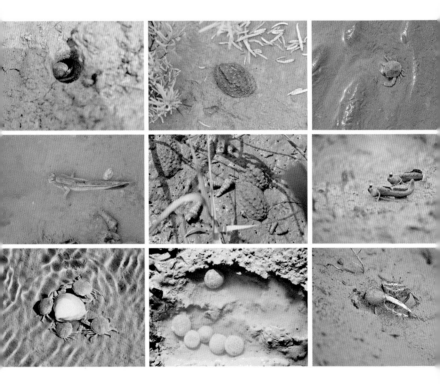

甲壳类、螺类、昆虫及幼虫、蛙类、小型鼠类也逐步进入小鹤的食谱。秋天万物成熟，野草种子和作物种子成为小鹤餐桌上的美食。长至四个月，小鹤已经能够适应吃各类杂食，以满足身体的全面营养需求，储备充足的体力。冬天里丹顶鹤以底栖动物为主，兼食鱼虾及植物性食物。

其实，丹顶鹤的一生中，除了夜晚休息外，它们要将大部分时间用来觅食，以此来不断补充其自身的能量消耗。野外观察时可以发现，正常情况下它们大都是在觅食，用它们长长的尖喙不停地叼啄地面，能深入土层 10 厘米 –15 厘米处寻找可食之物。在捕食鱼类和蛇类时，往往先用它们特有的尖喙啄击鱼或蛇的头部，将其置于死地后再食用。捕食蟹类时，则是先将它的螯足一一分解后再逐一吞食。丹顶鹤十分爱清洁，凡是动物性食物，在有水的条件下，它常常是先将其置于水中清洗干净后而食之。

在寒冷的冬天，我们观察发现，在环境气温低于 −4℃时，丹顶鹤容易集成大群集体取食，并且发现它们大多数个体有将背转向太阳的习惯。因为丹顶鹤黑色二级和三级飞羽收拢后覆盖于尾上，容易吸收光能，对减少热量的损失有着积极的意义。而集成大群体活动，对提高小范围区内的温度同样有着不可忽视的作用。当冰雪封盖大地，使丹顶鹤无法正常取食的时候，人工投放饵料更是应急性措施之举。它们在人类的特别关照下，很快完成取食任务，而将节省下来的时间用于玩耍、嬉戏等"娱乐"活动。我国的江苏盐城和日本的北海道地区经常采取这一措施，以保护和招引丹顶鹤。

在春暖花开之日，成年丹顶鹤配对后选择巢区生境准备繁殖下一代时，一般都选择在水草丰盛的地方营巢，并且要占据数平方公里的空间。这除了其生物学意义外，同样是为了孵化期的成鹤和出壳后的小鹤的觅食需要。因为在孵化期间它们要将主要精力和大部分时间用在孵蛋上，觅食时间就会自然减少。小鹤刚出壳后，它并不能长距离、大范围活动，同样需要在周围有充足的食物，以满足它们正常生长发育的需要。

在春秋的南北迁徙途中，丹顶鹤更需要在途中停息取食，补充它们能量的高消耗，从而完成迁徙任务。

总之，和所有动物一样，丹顶鹤一生时时刻刻都离不开食物，食物维系着它们的生命，因此，保护丹顶鹤首先要保护好它们的觅食环境和栖息环境，让它们在地球村里与人类共存。

第九节　丹顶鹤怎样对付敌害

各种生物都在一定的时空范围内占据着一定的生态位，并在相生相克的生物世界里获得最佳的生存机制。丹顶鹤也和其他物种一样，在进化过程中选择了一套适应自身的御敌形式。

首先是栖息地生境，丹顶鹤都选择在内陆沼泽湿地或沿海滩涂湿地。在这类生境中几乎没有对丹顶鹤构成生命威胁的猛兽猛禽。即使有惊扰它们日常生活的天敌，它们也有一套对付的办法。在越冬地，各家族群之间保持严格的"通讯"（鸣声）联系，一旦遇到险情，首先发现者会发出报警鸣叫通知各方，各群立即抬头观望，了解危险程度。经判断认为十分危险时，各群体则起飞离开原地，寻找安全地带停落。

夜晚，丹顶鹤选择在外围有芦苇掩护，中心为浅水水域的地带集群过夜，最多时发现集中500多只。在大群的外围，常常是单亲鹤（如失去配偶的孤鹤）

自告奋勇担任警戒任务，直到天明时分。

繁殖期间，虽然要分散做巢，但它们的巢址都是选择在沼泽的腹地，敌害难以侵入。

在日常生活中，遇到小型动物骚扰，丹顶鹤即用它们的尖嘴主动进攻，进攻过程中同时用双翅拍打，用双腿跳起后以其锐爪抓拍敌害，即使对付赤手空拳的人也能取得胜利。

丹顶鹤父母对小鹤关怀备至，时刻不离左右。觅食时亲鸟时常瞭望，发现异常就长时间引颈注视，小鹤则隐藏在草丛中不动不叫，十分"懂事"。发现猛禽飞近时，亲鸟奋力将其赶走。不敌时，鹤爸爸便鸣叫着撤离，用"调虎离山"之计将天敌引走，鹤妈妈则悄悄将小鹤隐藏在一米多高的草丛中，使天敌无法发现。

值得提出的是，总体上，我们人类对丹顶鹤的伤害程度远远超过其他任何一种天敌。在沿海滩涂，曾发生过不法分子用农药毒杀丹顶鹤的恶性事件，经过公安干警的侦查，最终将犯罪分子绳之以法。

在江苏盐城国家级自然保护区内，常年活跃着一批丹顶鹤的"保护神"，其中的驯鹤姑娘徐秀娟，为了保护天鹅，献出了年仅 23 岁的生命，在我国的野生动物保护史上留下了光辉的一页。

我们要向徐秀娟烈士学习，热情地投入自然保护的行列。

第十节　春分又至，准备北上

早春二月，盐城沿海滩涂刚刚苏醒，乍暖还寒，丹顶鹤准备出发了。在整个冬季，成年鹤积蓄了充分的体能，将再次领航北上。收获最大的莫过于鹤童，这期间它们的丹顶越发鲜红，更可喜的是找到了可以托付终身的伴侣，如果说年前的那次南下，仍然懵懵懂懂，而即将到来的北上远行，已经有了明确的目标与使命，它们跃跃欲试，欢鸣，舞蹈，只欠东南风至，立即展翅高飞。

严酷的冬天，对族群的整体素质是一次严格的检验，老弱病残者都将不再加入远行的队伍，优胜劣汰的法则保证了生物生命体的生生不息。

第五章

种群保护

当我们徜徉在湿地的梦幻之境，感叹于丹顶鹤的优雅美丽时，也不禁要痛心它们正在遭受的前所未有的生存危机。在各级领导的关怀之下，盐城自然保护区正走在生态圆梦的这条责任之路上，我们致力于救助每一只受伤的丹顶鹤，保护和修复第一块湿地，我们正努力搭建立体化监测体系，让湿地变得更美。

第一节　一个真实的故事

（旁白）有一个女孩从小爱养丹顶鹤。大学毕业后，她又回到了她养鹤的地方。有一天，为了寻回飞失的

白天鹅，她不幸跌落水中，再也没有上来。

（歌词）走过那条小河，你可曾听说？有一位女孩她曾经来过；走过这片芦苇坡，你可曾听说？有一位女孩她留下一首歌……

电视里又响起了由朱哲琴演唱的这首荡气回肠的歌曲，它又一次使我彻夜难眠。30多年来，这首令我牵魂萦魄的电视剧主题歌，曾无数次地将我的记忆重新带回青年时代，回想起和歌曲中叙述的那个女孩朝夕相处的日子。今天，在这宁静的海滩夜晚，重听这首歌，再一次将我带入那段令我终身难忘的时光。

那是1986年的春天，正在野外执行"江苏沿海鸟类调查"任务的我，突然接到单位领导的通知，要我和同事一起赴黑龙江省扎龙自然保护区考察学习。完成任务后接徐秀娟一起回盐城自然保护区创建鹤类驯养场。接受任务后，我立即通过有关方面和资料了解到，扎龙自然保护区是我国建立的第一个以保护丹顶鹤为主的内陆湿地型自然保护区，区内建有我国第一个鹤类驯养场，场内活跃着国内一流的鹤类驯养专家。而我们将要接回的则是我国第一位牧鹤姑娘，她曾为两部电影当过鹤类驯导员，也曾为当时的党和国家领导人作过驯鹤表演。此时她刚从东北林业大学这座科学的殿堂里深造结束，将应聘来盐城自然保护区开展越冬地鹤类驯养繁殖与研究工作。了解情况后，我心中独自暗喜：去这样的地方考察学习并接回专业技术人员，无论是对我个人业务水平的提高，还是对盐城自然保护区整体业务素质的发展都是十分有益的。

4月下旬，我们经过多日颠簸终于来到了心中的圣地扎龙自然保护区，这里是国际濒危物种丹顶鹤（人们称之为"仙鹤"）主要的繁殖地，是雁鸭类的重要繁殖区域，也是几百种各具特色的鸟类的乐园。在这里接待我们的正是徐秀娟的父亲徐铁林和他的另一位同事。徐铁林是我国第一位驯养丹顶鹤专家，是自学成才者的典范。在徐老师他们的精心安排与严密组织下，我们提前完成了原定的学习考察计划，取得了丰硕的成果。在即将结束扎龙之行之际，我们终于见到了企盼多日的徐秀娟姑娘。那天，她从东北林业大学（哈尔滨）赶到齐齐哈尔，下火车后立即来到我们的住地。通过她父亲的介绍，我首次认识了这位已小有名气的驯鹤姑娘，初次见面，她不拘言谈，亦显得落落大方，通过各自的介绍，我们相互有了最初的了解。我在内心为自己将来有这样一位同事而庆幸。

5月初，我和同事徐秀娟一起，带着来自哈拉海军马场的两只丹顶鹤蛋，登上了由齐齐哈尔开往南京的列车。在列车上，我首次感觉到徐秀娟对工作的激情和一丝不苟的负责态度。正处于孵化期中的丹顶鹤蛋需要保持恒温和相对湿度，当时我们只能用简易的医生出诊急救箱，在里面放些药棉和两只热水袋及温湿度计，靠频频更换热水袋达到上述要求。从齐齐哈尔到南京，又从南京转车到盐城，在两天两夜的运行中，她始终把药箱搂在怀中，平放在自己的双腿上，以便时时观察温湿度的变化。我们看她太辛苦了，想替换一下，她都以我们还未掌握相关技术为由，婉言拒绝。到达盐城后，她终因过度劳累而出现呕吐、头晕等症状，但她仍然坚持自己夜间值班看守鹤蛋。就这样经她精心呵护，这两只丹顶鹤终于在盐城相继出壳，创造了长途运孵两昼夜、行程千公里并顺利出壳的国内新纪录。

这对于盐城保护区来说，无疑是一件大喜事，它意味着在丹顶鹤的越冬地开展人工驯养繁殖，建立一个留鸟种群的设想开始步入实施阶段，并已初见成效。

当时，盐城市有关部门和单位的领导纷纷前来看望徐秀娟和她精心哺育的 2 只小丹顶鹤，向她表示祝贺和慰问。对此，徐秀娟一方面表示感谢，一方面向他们阐明：小鹤刚出壳，需要保持安静，更需要预防疾病，宜尽可能隔绝与外界的接触。于是，我们的临时育雏室又恢复了平静。

刚出壳后的小鹤，需要人为的特别关照，调控温、湿度，测量体长、称重，定时定量喂水喂料，及时清理粪便等，24 小时不能离人，特别是白天，工作起来十分繁琐。为了保证小鹤的健康生长发育，徐秀娟总是坚持白天由她哺育小鹤，直到夜晚小鹤开始安静休息时，才肯让我守夜班。两周后，根据驯化与疾病防治的需要，我和另外两名青年一起，在徐秀娟的指导下，来到野生丹顶鹤越冬的原生滩涂上，一个原空军靶场废弃的观察哨内，用芦笆围成一个极其简陋的场地，开始了创建我国南方地区第一个鹤类驯养场的雏形。

这里茫茫草滩，人迹罕至。各种蚊虫叮咬使人奇痒难忍，墙壁的破洞里不时钻进来的老鼠和蛇类，常常惊扰着人和小鹤，用附近水塘中苦涩的咸水做成的饭菜使人难以下咽。每到天晚四周一片漆黑，唯有门外海风呜呜地呼啸着掠过草滩，使室内的蜡烛光摇曳不定。夜深人静时，常有各种动物的叫声把我们从睡梦中惊醒。在这异常艰苦的环境里，徐秀娟终于因水土不服而出现皮肤过敏反应。尽管如此，她仍以坚强的意志，克服种种困难，顽强地坚守自己的岗位。白天，她常常带领小鹤做散放驯化活动，并不时地用她特有的模拟野鹤的鸣叫声来和小鹤加强沟通。喂料前，她总是先把小鹤抱在怀里，然后再像母亲喂养婴儿一样喂好小鹤。同时指导我们说：鹤是有感情的动物，我们要用心去和它们交流、沟通，只有这样才能真正达到驯化的目的。经她这么讲解后，我们忽然恍然大悟，知道小鹤们为什么总是喜欢跟随徐秀娟左右，一刻也不愿意离开她，而明显地疏远我们的原因了。经过徐秀娟的耐心指导，我们3位也初步掌握了喂养、驯化的基本要领，并能独立工作了。

后来由于课题工作的需要，我又离开了徐秀娟和我十分喜爱的小鹤，但我始终保持着和徐秀娟之间的交往。野外调查中，我时常在经过鹤场时去看望同伴们，看看我亲手喂养过的小鹤。小鹤终于一天天长大了，徐秀娟正蹲在小鹤旁边，用手轻轻地抚摸着它们。一会儿，她又带小鹤下河洗澡，小鹤则围着她转个不停，这让我感受到人间的真爱在人与鹤之间亦能得以充分的体现。

在徐秀娟难得空闲的时候，她也到野外去调查研究。有一次我应她之约一起到射阳林场的竹林去看灰椋鸟。途中，我们一起交流工作、学习感受，了解水杉由"植物活化石"发展到遍地种植的过程，谈论鸟类的分类系统和本地区鸟类区系相互渗透性特点，也谈论理想和前途。当然谈论最多的还是灰椋鸟，我向她介绍了灰椋鸟在当地的分布、生活习性等，相互讨论了灰椋鸟为什么会集中数万只大群体在这儿集体过夜。傍晚时分，当一群群灰椋鸟陆续飞来时，我们开始了数量统计。从起初的小群到后来的大群灰椋鸟计8万余只，它们都先在竹林边的一片刺槐林中集中，然后再集体翻飞、盘旋，确确实实是遮天盖日。从未见过如此壮观场景的徐秀娟被这喧闹的灰椋鸟盛会气氛所感染，情不自禁地欢呼雀跃起来。当晚回单位后，她立即写下了著名的散文《灰椋鸟》。

在徐秀娟与鹤相处、以鹤为伴的日子里，同事们耳闻目睹了她几乎用全部的心血育鹤驯鹤，达到甚至

超越了人间的亲情之界，于是亲切地称她为"鹤娘"，这在她照料病鹤的履历中更能充分地显示出来。在育雏时，雏鹤稍有病态，她就常把雏鹤抱在怀中仔细观察。晚上还把它带到自己的床上同她一起睡觉，腥臭的鹤粪拉在她的身上、被子上、席子上，她毫不在乎。对此予以回报的则是雏鹤健康生长后形影不离地跟随她前后，一时不见她便连声惊叫。当小鹤能展翅飞翔时，始终愿意在她的引导下盘旋于空中，最后重新回到她的身边降落，并用它们那特有的长喙"亲吻"着她的手背、衣角等。此情此景怎不让人为之动情！

然而，所有的付出并不能得到全部的回报，这又是令人心酸的。在徐秀娟驯养过的丹顶鹤中，有一只被她起名叫"龙龙"。它一生起病就特别严重，徐秀娟白天黑夜地守候在"龙龙"的身边仔细观察病情，按时定量给它打针喂药，却一直不见效。连续十几天，龙龙不肯吃食物，她也毫无吃饭的心思。一天夜里，小鹤突然口吐鲜血，病情加重，徐秀娟急忙叫来同伴看守，自己冒雨步行到4公里外的小镇医院去买药。漆黑的夜晚，伸手不见五指，一阵海风刮来，逼得她连退几步，突然脚下一滑，跌下了海堤，她爬起来，踉踉跄跄地又上了路。可当她带着药品赶回小鹤身边时，它已经病死。她一下子扑过去，双手抱着死去的"龙龙"号啕大哭。一连几天她看着和"龙龙"的合影照片，不停地呼唤着它的名字。沉静下来后，她在这张照片的背面写道："已故的龙龙再也得不到我对它的爱了。它的死亡使我的人生有了转折。我选择了一条更崎岖的路，也许青春的热血将洒在这条路上，一生将为此奋斗。"

1987年7月底，内蒙古自治区达赉湖自然保护区赠送给盐城自然保护区的两只大天鹅接连生病。徐秀娟把它们带到宿舍打针、喂药、喂水、喂食，天鹅不进食，她又上街买来鸡蛋煮熟，用手搓成条状拌上白糖塞到它们的嘴里。晚上，因成年天鹅体形较大，无法让它们在床上休息，她只好让它们睡在床边，她在床上时时注意观察天鹅的病情。小小的宿舍成了天鹅的病房，奇特的怪味熏人难忍，她却在里面一待就是几十天。天鹅的病终于治好了，它们开始了自由自在的生活。

同年9月15日，天降大雾，康复后的天鹅突然从河里飞走，不知去向。徐秀娟和她的伙伴们寻遍滩涂，终于找回了一只，但另一只仍无音讯。次日，大家再次分头行动寻找飞散的天鹅。下午4时左右，徐秀娟终因两天来连续奔波疲劳过度，又未能正常吃饭和休息，在过河时体力不支而溺水身亡，时年不满 23 岁，成为我国环保战线上因公殉职第一人。后被江苏省政府追认为"革命烈士"。

她走了，带着无限的眷恋，离开了她亲手驯养的丹顶鹤、白天鹅和朝夕相处的伙伴们，悄悄地去了……

噩耗很快传遍了盐阜地区，传遍了苏北大地。在连云港调查结束回盐城的公共汽车上，人们相互传颂着这一壮举，我和同事怎么也不相信这会是真的。当我带着疑惑匆匆赶回保护区管理处时，发现人们已布置好她的灵堂，为悼念这位"无私奉献"的姑娘表达着无尽的哀思。我抑制不住内心的悲伤，一个人跑到自己的宿舍里情不自禁失声痛哭了一场。

徐秀娟走了，她留下了丹顶鹤在越冬地半散养条件下的人工繁殖研究课题。为了完成烈士留下的科研任务，实现她的遗愿，我在征得领导的同意后，毅然放弃较为舒适的管理处机关大院工作，来到了鹤场，继续开展她留下的课题任务。

现在，可以告慰英魂的是，经过我们大家的共同努力，徐秀娟留下的课题已于 1992 年取得了全面的成功，顺利通过了国家环保局的鉴定，其研究成果多次填补了国内空白。

30多年来，为了纪念她，学习她，激励后人，让更多的人热爱祖国，热爱大自然，并投身于自然保护事业，推动我国自然环境保护事业的发展，国家有关部门、组织、团体，掀起了向徐秀娟烈士学习的热潮，《中国妇女》《中国青年报》等报刊辟专栏专题报道其事迹，出版了《鹤魂》《鹤仙子之歌》等书籍，党和国家领导人题词深切悼念她。还拍摄制作电视剧、电影《一个真实的故事》。其主题歌《一个真实的故事》由朱哲琴演唱后，迅速传遍了大江南北，长城内外，经久不衰……

至今，人们仍然在广泛传颂一个真实的故事，仍在到处传唱《一个真实的故事》的主题歌。虽然，故事的主人公——一个灵魂圣洁的姑娘，已远离我们而去，但是她热爱仙鹤、热爱天鹅而演绎的人与自然和谐相处的动人故事，依然在祖国的大地上、山川间、云天里传扬。

让我们追随这位美丽的鹤之仙子的信仰，共同加入爱护自然、爱护环境、爱护湿地的行列，实现人与自然的和谐相处。

时任联合国副秘书长多德斯韦尔女士在徐秀娟烈士逝世十周年时写来了一封信。如今离这封信写作的时间又过去了20多年，这信中阐述的自然保护理念和表达的人与自然关系的思想，仍然给人们以深刻的启示。

保护环境的伟大力量最终来自人民
——来自联合国的一封信

为了保护环境，为了保护生活在这个环境里的所有生灵，徐秀娟献出了年轻的生命。她的事迹非同寻常，她为救助失踪的白天鹅溺水而亡这一悲剧性的事件，使她成为献身自然保护的典型代表。我们人类并非孤立地生活在地球上。我们是地球上1000万到5000万生物中的一种，每一个生物都有生存的权利，每一个物种的生存都与地球上整个生命集体息息相关。这是一个法则。这个法则建立在两项原则上：首先，我们都是全球环境的社区公民，在地球这个大家庭里，每位公民都享有度过完整生命的权利。其次，地球上每个家庭和社区的成员不仅享有权利，并且承担着相应的义务。在过去的岁月里，因为人类的粗心，缺乏责任感，导致了很多物种的灭绝。这种情况每天要发生好几回，地球上的生命会因此而失去平衡。这种情况提示我们，连接人类社会和生态系统之间的各个环节相互关联的重要性。空气、水、土壤、矿物质和地球上的生物多样性在支撑着这种联系。徐秀娟用她的光辉实践和证明着，鲜明地昭示了这一法则。

我们这一代人，作为现今地球的保管者和未来地球的托管者，必须为我们的行为对地球造成的影响担负起责任。认识到我们不良行为的后果及其严重性，我们必须改变我们对待自然的态度，以及我们在自然环境中生活的方式。在纪念徐秀娟崇高献身十周年之际，让我们不要忘记，保护环境的伟大力量最终来自人民。要知道，未来世界的命运不是由武力和经济实力决定的，而是依赖你与我、人类与生物之间爱与爱相连、情与情相牵而铸成。我们是近邻，我们对周围生灵的包容所体现出来的价值铸就我们的未来世界。今天，向徐秀娟烈士致敬的最好方式，莫过于我们共同携手实践上述价值。

多德斯韦尔

1997 年 7 月 24 日

第二节　一次抢救丹顶鹤蛋的行动

盐城国家级珍禽自然保护区，自 1986 年春开始，在野生丹顶鹤的越冬地盐城沿海滩涂，创建了南方第一个鹤类驯养场，开展以丹顶鹤为主的人工驯养繁殖工作，旨在通过人工驯养繁殖后，一方面进行再野化训练，成熟后让其渗入到野生种群之中，达到增加野生种群数量，缓和濒危状况的目的。另一方面，进行子代再驯化后，逐步成为家禽而普及千家万户，从而达到最终为人类所直接利用的目的。

保护区鹤类驯养场经多年的努力，已取得了丹顶鹤、白枕鹤在人工驯养繁殖方面的成果，天鹅的驯养，亦已取得了成功。在这里，我们忘不了为寻找失散的大天鹅而溺水牺牲的前鹤场负责人徐秀娟女士，为了自然保护事业，她献出了年仅 23 岁的年轻生命，我们永远怀念她。

抢救鹤蛋　丹顶鹤在保护区鹤场首次产卵是在 1991 年春天，此后白枕鹤也开始产蛋繁殖，此后每年都有繁殖成功的小鹤。那是在 1995 年春，一对丹顶鹤分别于 5 月 1 日和 5 月 4 日产蛋计 2 枚，经一个多月的孵抱，6 月 2 日早第一枚蛋顺利出壳，下午即能蹒跚

行走。不利的是，当日傍晚天气，即由白天的晴间少云，转为中到大暴雨，刚出壳的雏鹤，在雷雨声中受惊吓而跑出巢位，亲鸟因顾及雏鹤而只得舍弃进入孵化后期的第二枚蛋。当驯养人员冒着大雨观察发现上述情况时，鹤蛋已冰凉，似乎已无再生的希望，但是出于我们的神圣职责，科研人员抱着一线希望，将其取回放入温箱，将环境温度渐渐加至35℃（低于常规孵蛋温度）人工调节相对湿度55%－60%。4日上午，不利的事再次发生，因故蛋壳破损近三分之一，且有血液在胎膜内流出，但观察发现雏鹤仍在胎腹内蠕动，因此我们决定仍以正常孵化程序让其在温箱内保温，直至出雏或完全死亡。孵化过程中，因我们所处的地理条件特殊，有时还面临突然停电的考验。当停电情况发生时，我们即以医用药棉为保温层，将蛋包裹在药棉中，在蛋壳的破损处留一通气孔，除在温箱中悬挂潮湿的纱布条外，还根据情况用嘴吸入温水后向药棉喷洒雾状水汽。就这样，经过1天1夜的精心护理，雏鹤不但没有死亡，而且于6月5日下午顺利地出壳了，但出壳时，卵黄吸收不完全，雏鹤体重不足100克，无疑给育雏工作带来了相当大的难度。

育雏　由于上述因素，对于这只雏鹤须特别照料。雏鹤出壳后，仍将它留在温箱内保温维持在出壳时的温度，1 日后降温 0.5℃，以后随日龄的增加逐日降温 0.1℃ –0.8℃，5 日后移到自制的育雏箱内，15 日后放入育雏室内饲养。雏鹤出壳 24 小时后，试喂温开水，方法是用滴管将水滴在雏鹤喙的前端，让它自己咽进。2 日后开始喂料，主要是用新鲜的活鱼，剪成鱼片（不含鱼刺部分），大小不超过 0.5 厘米，或小活虾、昆虫，将其肢、翅一并剪去，以防这些部位误入气管造成意外。10 日后，开始饲喂整体小活鱼，大小以能正常进食为度，并适当增加综合维生素及矿物质等。一月龄起，增加谷物、青菜和砂石等。初期每 2 小时喂料一次，以后逐渐延长到 3 小时一次，并注意进食量与体重增长的比例关系。

夏季高温时节，小鹤会出现烦躁不安，张口呼吸等现象，因条件所限，我们除设置相应的防暑降温设施外，还在育雏室内放置大塑料盆，加入清洁的凉水，小鹤即自己进入盆内洗浴。在炎热的中午，还以喷壶为工具，人工向小鹤身上喷洒凉水。此外，还带领小鹤到野外池塘内，让其自行洗浴降温等。

驯化　　育雏过程也是驯化过程，根据鹤场自身的工作特点，要求对场内的所有物种都必须进行驯化，当然这只被抢救的小鹤也不例外。根据鸟类的学习行为特点，我们在蛋壳破损时，发现雏鹤仍在壳内蠕动起，即开始模拟亲鸟鸣叫的口哨，并且以后始终固定这一印记信号。雏鹤出壳后，工作人员即身着白色工作服，始终出现在它的面前，每次喂料、喂水前，先发出上述信号，然后再让其进料或水，这样即形成了早期驯化规范，使小鹤不自觉地产生了跟从反应，印记上驯养人员外加的特征刺激。雏鹤能正常行走后，在室内外温差相近时，我们即带领小鹤进行室散放活动，并适当诱导其奔跑，增加活动量。一月龄后，小鹤开始正常在我们的带领下，在户外散放活动，在阵雨、大风等气候条件下，则带回室内。上述过程中，仍须始终如一地向小鹤发出固定的口哨，每次让它动作前都是如此。

小鹤 3 个月左右开始展翅飞翔，初开始时，我们在它前面一边发信号一边奔跑，小鹤即张开两翅跟随我们一起奔跑，随着活动量的增加，翅膀力量增强，开始能飞起几米远，以后渐增至十几米、几十米，最后能飞百米以上。飞翔时，我们在小鹤起飞的原地，不时地发出口哨，让其不断地接受信号刺激，这样即能在降落时，还回到原地停下，并在驯养人员周围鸣叫。如此反复练习，小鹤即能完全在我们的指导下进行系列活动，如：飞翔表演、鹤舞、鹤鸣、站立某点与参观者合影留念等项目。

至今，这只历经磨难的小鹤，仍然健康地生活在盐城国家级自然保护区的鹤场内。它为濒危丹顶鹤家族，又增添了一位新成员。

第三节　丹顶鹤面临的威胁

1. 栖息地被破坏

湿地是丹顶鹤赖以生存的基础。历史上由于缺水干旱，许多核心区的荒地被开垦。盐碱土地上进行的农业经济效益并不大，但对生态环境的破坏是巨大的。湿地面积急剧减少让丹顶鹤失去了大面积的栖息地，被迫离开家园。丹顶鹤是具有领域性的，长此下去必将威胁种群的稳定。据统计，近40年来，全国湖泊围垦面积已经超过五大淡水湖面积之和，沿海湿地围垦近1/2，丹顶鹤的栖息地受到严重威胁。

湿地居民捕鱼、割苇、打羊草、放牧等生产过程中，经常以不考虑长远利益的掠夺式方式生产，丹顶鹤的食物资源、隐蔽条件往往遭到严重破坏，直接影响着丹顶鹤的生存。

2. 人为干扰

人口增长、人类活动频繁，严重影响鹤类的生存。春季是丹顶鹤繁殖的季节，也是湿地居民春耕的旺季。来来往往的行人、车马，对于生性机警、正在选择巢区的丹顶鹤影响很大。它们常常为了躲避人的干扰而在沼泽中游荡，甚至推迟繁殖。

3. 环境污染

工农业生产的迅猛发展，使得环境污染情况越来越严重。造纸、石油勘探、钻井、采油等工业的污水排入湿地，造成土壤和水质污染，水生生物大量死亡，严重影响了丹顶鹤的生存。此外，湿地周边农田大量使用化肥农药，也是湿地的一个重要污染源。丹顶鹤捕食受污染的水生生物，有害物质沉积于体内，会导致生病或造成胚胎及雏鸟的死亡，影响种群的生存。

4. 猎杀和火灾

为了获取经济利益，不时有不法分子潜入湿地偷捕丹顶鹤，更有甚者会在湿地投放毒饵，造成众多鸟类被误杀。湿地居民为了捕鱼方便会放火烧掉苇草，经常发生大面积的荒火，导致丹顶鹤赖以隐蔽的芦苇丛及巢材全部烧尽。丹顶鹤不会在火烧地活动，这致使它的分布区更加狭窄。

盐城自然保护区的基本情况

江苏盐城国家级沿海湿地自然保护区，又称盐城生物圈保护区，是中国最大的海岸带自然保护区之一，始建于1984年。1983年2月25日江苏省政府作出了《关于建立盐城地区沿海滩涂珍禽自然保护区》的决定，1984年4月13日，批准建立盐城地区沿海滩涂珍禽自然保护区管理处，1985年4月盐城市政府作出《关于划分江苏省盐城地区沿海滩涂珍禽自然保护区范围的决定》，划定响水县陈家港至海安县李堡的公路（简称陈李线）为保护区西界，将整个盐城市的海岸滩涂全部划入保护区范围内。1990年，经盐城市政府同意，由盐城市国土局向保护区（指核心区）颁发了《保护区土地使用权证书》。1992年10月，经国务院批准，盐城保护区升格为国家级自然保护区，更名为"江苏盐城国家级珍禽自然保护区"。同年11月，经联合国

教科文组织人与生物圈协调理事会批准，盐城保护区成为国际生物圈保护区网络成员，命名为"中国盐城生物圈保护区"。1996年4月，东北亚鹤类保护区网络组织接纳盐城保护区为"东北亚鹤类保护区网络"成员。1999年11月，国际湿地亚洲太平洋理事会接纳盐城保护区为"东亚——澳大利亚涉禽迁徙保护区网络"成员（以上两个组织后更名为"东亚——澳大利亚水鸟迁徙网络合作伙伴"）。2002年1月，拉姆萨湿地公约秘书处批准盐城保护区为"国际重要湿地"。

盐城保护区地处江苏中部沿海，位于东经119°53′45″-121°18′12″、北纬32°48′47″-34°29′28″之间，由盐城沿海东台、大丰、射阳、滨海、响水、亭湖六县（市、区）的滩涂组成，海岸线长约500公里，总面积24.73万公顷，其中核心区为2.26万公顷。主要保护丹顶鹤等珍稀野生动物及其赖以生存的滩涂湿地生态系统。

第四节　自然保护，从今天开始

盐城护鹤，鹤佑盐城

上万年共生互吸，盐城这片土地与丹顶鹤情远谊长，在盐城沿海滩涂设立国家级珍禽自然保护区绝非偶然，人类的足迹未曾踏上这片土地之前，这里已然成为丹顶鹤的故乡。考察这片海滩湿地，上万年间被海水几经沉沦，早期人类的活动在这里几番进退，欲进又阻，而丹顶鹤始终把这里作为理想的家园。

根据科学的推论，生物物种有"生态位"之说，作为在东北亚生存进化的丹顶鹤，从西伯利亚到中国长江以北，年复一年，横空出世，枕枕一线穿南北，却为什么绝少南渡长江而止步长江？只能说明位于南黄海西岸的滩涂湿地与丹顶鹤的生存最相适宜。因此，鹤降盐城为天赐。天既赐，地必接纳，否则遭天谴。

鹤乡人民懂鹤，心心相印

在盐城鹤乡，这是一幅和谐共生的《冬麦田间鹤立图》，走过保护区的缓冲区及周边鹤乡，此类感人的画面比比皆是。鹤乡人懂鹤，鹤乡人爱鹤，发自内心深处。民众以与鹤为邻为友而自豪。凡有客来访，首数家珍的，即是"我们的丹顶鹤"。凡去远方做客，介绍家乡时，还是"我们的丹顶鹤"。

30年来，盐城人民为保护丹顶鹤作出特殊贡献，保护珍稀物种是全人类的福祉，盐城地方为此作出较大的投入和无私的奉献。盐城国家级珍禽保护区为保护丹顶鹤所作出的业绩有目共睹，堪称典范。

鹤佑盐城吉祥在，人间正道是沧桑

如今，丹顶鹤已成为盐城的名片。丹顶鹤仿佛是这座海滨城市前额上的丹顶，鲜亮夺目，光彩四射。在这改革开放的时代，盐城乘鹤之名享誉四海，丹顶鹤成为盐城社会经济文化的形象天使，我们确信，作为湿地精灵，丹顶鹤是有灵性的，它必将护佑这里的人们，为地方和民众赐予吉祥。

留住美丽，永续美好

——保护丹顶鹤西部迁徙种群及其越冬栖息地

这是一条十分特殊而又重要的线路。

从俄罗斯的布拉戈维申斯克到中国境内的黑龙江扎龙，再到吉林向海——辽宁盘锦——山东东营，最后到达江苏盐城，这条丹顶鹤西部迁徙种群通道全长约2500公里，是丹顶鹤迁徙种群中飞行距离最远的家族。

漫漫长途跋涉中，丹顶鹤西部迁徙种群要做多次停歇，目的是恢复体力，补充能量。从草原湿地到内陆湿地，从渤海湾湿地到黄河口湿地，直至黄海海岸带湿地，一路上的"驿站"，都为它们提供了休养生息的安全场所。

生态学常识告诉我们，人类与鸟类对湿地同样有着强烈的依赖。没有了湿地，不仅仅是鸟类和鱼类消失，人类在自然灾害面前也将显得更加脆弱无能。天降暴雨，没有湿地蓄水，会带来洪水滔天；遭遇干旱，没有湿地缓慢地向周边释放水分，旱灾会愈演愈烈；没有湿地的过滤和储存，我们的饮水安全必然受到威胁；没有滨海湿地的保护，我们在台风、海啸到来之时自然失去缓冲的屏障。不要说什么遥远的将来，就是现在气候变化引起的气温升高、降水格局改变、灾害性天气频发等，已经给人类、丹顶鹤等鹤类及其他水鸟和湿地带来不可避免的威胁。我们只有珍惜资源、尊重自然，从自己做起，从眼前抓起，立即行动起来，采取切实有效的措施，才能共同保护好丹顶鹤西部迁徙种群及其迁徙停息地和越冬栖息地。

丹顶鹤从远古走来，走进人类的生活。它们是天地孕育的美丽精灵，是自然进化的湿地之神，是一切美好事物的象征。丹顶鹤的故事，在这里每天仍在继续。

为了留住这美丽，永续这美好，我们必须坚定地

挑起这副神圣的重担，以人与自然和谐发展为根本，构筑可持续发展的生态文明。

"鹤鸣于九皋，声闻于野"。让优雅的仙鹤身影，永远漫步在中国的生态湿地；"鹤鸣于九皋，声闻于天"。让诗意的鹤鸣长音，永远回荡在中国的美丽晴空！